JN239885

金融と投資のための

確率・統計の基本

PROBABILITY & STATISTICS

田渕 直也
NAOYA TABUCHI

日本実業出版社

はじめに

金融の世界では、確率論や統計学が幅広く活用されています。とくに投資やリスク管理に関していえば、それらの基礎知識は必要不可欠なものといってもいいでしょう。

だからといって、いきなり確率統計論のテキストを開いても、専門用語や数式などが出てきて、金融実務や投資評価にどのように結びつくのか、ピンとこないことも多いのではないかと思います。

本書では、実際に金融実務や投資評価で頻繁に使われる様々な概念や指標を取り上げつつ、その背後にある確率統計論の考え方を理解することによって、金融・投資に必要な確率統計論の基礎を身につけることを目指していきます。

確率統計論は、非常に強力なツールです。本書では金融実務における使用例を取り上げていきますが、もちろん金融以外の様々な業務でも同様のテクニックが幅広く活用されています。たんに強力なツールというだけではありません。合理的な意思決定を行なうには、確率統計論にもとづく分析が欠くべからざる重要な基盤となります。

たとえばコンビニの商品開発や店舗での陳列方法に確率統計論が応用されていることは広く知られていますが、同様に金融の世界でも、ビジネス上の意思決定やリスク管理、さらにはクオンツと呼ばれる数理的な技法を用いた高度な投資戦略立案に至るまで、様々なレベルで確率統計論が応用されています。そして、その巧拙こそがビジネス上の優劣に大きく影響しているのです。

本書の構成を簡単にご紹介しておくと、まず第１章で期待値（期待リターン）、第２章で分散と標準偏差（ボラティリティ）、第３章で正規分布を取り上げます。ここまでが、いわば基礎中の基礎といった内容ですが、それらをしっかりと理解していくことで、その先の応用へと自然と道が開けていくはずです。

それを受けて第４章以降でやや応用的な内容を扱います。まずは、複数の変数を組み合わせたときの集合体の動きについて考えます。金融の世界に置き換えれば、複数の銘柄を含むポートフォリオのリスクやリターンをどのように分析するかということです。この章の内容は、ノーベル経済学賞を受賞した現代ポートフォリオ理論（MPT）という金融実務でも広く利用されている重要理論のエッセンスともいえる部分でもあります。

続く第５章では、金融市場の動きを単純化してとらえ、それによってリスクの分解やコントロールを可能にする“モデル”づくりについて触れます。ここで登場する回帰分析は、様々な実務に応用される確率統計論のテクニックのなかでも、最も広く利用されているものといえるでしょう。

第６章では、正規分布を仮定したリスクの定量化について取り上げます。本文でも触れていますが、1990年代初頭に米国の大手金融機関であるJPモルガンのCEOだったデニス・ウエザーストーンは「銀行業務の本質はリスク管理である」という言葉を残しています。たしかに、リスクの意味を理解し、リスクを可視化することは、金融のみならず、すべてのビジネスにおいて最も本質的で、最も大切なものといえるかもしれません。本章ではそんなウエザーストーンの要請に応えて開発され、その後金融業界のグローバルスタンダードに発展したバリュー・アット・リスク（VaR）というリスク指標を中心に見ていきます。

確率統計論は金融実務において、非常に強力な基盤となるものであり、かつ合理的な意思決定を行なうために不可欠なものでもありますが、それらを活用しさえすれば万全というわけではありません。そこには、落とし穴もあるのです。そのことを物語るかのように、確率統計論を用いた金融リスク管理の歴史は、実際には予期せぬ新たなリスクに翻弄される失敗の連続ともいえます。

ただそれは、確率統計論が欠陥だらけのものであるというよりも、それらを活用する人の側の問題であることがほとんどだと思います。確率統計論の表面だけをなぞった上っ面の理解、自分に都合の良い結論を引き出そうとする恣意的な操作、そして何よりも人々の慢心。それらを防ぎ、より質の高い意思決定を可能にするためには、結局のところ確率統計論の上辺だけでなく、その本質をきちんと自分のものにするしかありません。確率統計論の限界を知り、それを乗り越える武器は、やはり確率統計論のなかに隠されているのです。

第７章では、このような確率統計論を実務に応用するうえで真剣に考えなければいけない大きく複雑なテーマについて、その全部というわけにもいきませんが、エッセンスを簡単に紹介していきたいと思います。

本書は、あくまでも金融実務に登場する確率統計論の基礎的な概念を紹介する本です。数式に馴染みのない人にも理解できるように、本文での説明は極力数式に頼らずに行なうように努めましたが、正確に意味を理解するには数式で見たほうがわかりやすいという方もいると思います。そのため、基本となる定義式はそれぞれの章の後半部分であらためて取り上げるようにしていますので、よろしければそちらも参照していただければと思います。

また、実務ではエクセルなどの計算ソフトを使用することも多いでしょうから、エクセルの関数などを使った計算方法にも簡単に触れています。

投資について基礎理論からきちんと学びたい方、金融機関でリスク管理やデータ分析の専門家を目指そうという方はもちろん、金融ビジネスについて深く理解していきたいと思っている方にとって、確率統計論はたんに必要な知識というだけでなく、それを学ぶことによって新たに様々な視点を与えてくれるものになるはずです。本書がその出発点になることができれば、著者としてこれ以上の幸せはありません。

2024年9月

田渕　直也

金融と投資のための　確率・統計の基本　目次

はじめに

第1章　「期待」リターンについて考えよう

1-1　期待リターンとは？ —— 010
1-2　過去の収益率は期待リターンを表すのか　〜母平均の推定と大数の法則 —— 012
1-3　期待値が意味を持つには時間が必要 —— 017
1-4　米国市場での実例 —— 020
1-5　用語や計算方法のまとめと補足 —— 026
COLUMN　確率論的な思考と期待値のパラドックス —— 032

第2章　ボラティリティって何？

2-1　ボラティリティとは —— 036
2-2　標準偏差を理解する —— 039
2-3　データの意味は標準偏差によって決まる —— 042
2-4　実例……ボラティリティの計算手順 —— 045
2-5　確率分布と頻度分布 —— 050
2-6　用語や計算方法のまとめと補足 —— 057

COLUMN ファイナンス理論を切り開いた“酔っ払いの千鳥足”
—— 063

第3章 正規分布とその確率計算

3-1 ランダムな動きが続くと現れる正規分布 ～中心極限定理 —— 068
3-2 正規分布の特徴 —— 072
3-3 正規分布の確率計算 —— 075
3-4 信頼水準と信頼区間 —— 080
3-5 実例……株価変動を正規分布として描くと —— 083
3-6 用語や計算方法のまとめと捕足 —— 087
COLUMN 正規分布の発見 —— 091

第4章 分散効果と相関係数

4-1 ポートフォリオの価値変動 —— 096
4-2 ポートフォリオのボラティリティはどのように計算するか —— 100
4-3 実例……相関関係によるリスクの違い —— 103
4-4 パッシブ運用やオルタナティブ投資の理論的根拠 —— 107
4-5 用語や計算方法のまとめと補足 —— 112

COLUMN　ノーベル経済学賞を受賞したファイナンス理論 —— 116

第5章　市場価格変動のモデル化と回帰分析

5-1　モデル、あるいはモデリングとは何か —— 122
5-2　回帰分析によるモデルの特定 —— 127
5-3　最小二乗法 —— 129
5-4　市場モデルによる分析 —— 133
5-5　エクセル回帰分析表の見方とP値ハッキング —— 139
5-6　用語や計算方法のまとめと補足 —— 143
COLUMN　分布の歪みを生む心理の歪み……行動ファイナンスの登場 —— 144

第6章　リスクの大きさを捉える

6-1　VaR革命 —— 150
6-2　VaRの計算方法 —— 156
6-3　期待ショートフォール —— 162
6-4　用語や計算方法のまとめと補足 —— 166
COLUMN　リーマンショック —— 169

第７章　確率統計論に根ざしたリスク管理が間違うとき

7-1　確率統計論の限界とは —— 174

7-2　市場価格の変動は本当に正規分布なのか —— 178

7-3　浮かび上がる正規分布との違い……ファットテールの出現 —— 182

7-4　ファットテールはなぜ生まれるのか —— 189

7-5　対応策その１……何も仮定しない —— 193

7-6　対応策その２……乱数シミュレーション —— 197

7-7　過去に生じなかった出来事にどう備えるのか —— 203

7-8　用語や計算方法のまとめと補足 —— 208

INDEX —— 213

カバーデザイン　村上顕一

本文DTP　田形初恵

PROBABILITY & STATISTICS

第1章

「期待」リターンについて考えよう

投資をすることでどのくらい儲かりそうか。
それを示す期待リターンを把握することは
投資判断に決定的に重要なはずだが、
その正確な値は誰にもわからない。
はたしてどのように推定すればいいのか?

SECTION **1-1**
期待リターンとは?

何かに投資するときに、最初の出発点となるべきは「どのくらい儲かりそうか」ということでしょう。それが、最初に取り上げるテーマ、**期待リターン**です。ちなみに、リターンは収益率という意味の言葉です。

気をつけなければいけない点は、期待リターンの「期待」が個人的な希望を意味しているわけではないということです。この「期待」という言葉は、確率論の用語である**期待値**からきているもので、将来に発生する未確定の何らかの値に対して、現時点で合理的、客観的に見積もることができる平均的な予測値を示します。同じ意味を表すのに、たんに平均という言葉が使われる場合もあります。

たとえば株式に投資することを考えたとして、自分の勝手な思い込みや一方的な希望を排して、平均的にみてだいたいどのくらい儲かりそうかを合理的、客観的に見積もったものが株式投資の期待リターンということになります。

何かをするときに、その結果がどうなりそうかを考えてから行動するのは、ある意味で当然のことですね。ところが、ひとつ重大な問題があって、期待リターンの正確な値は誰にもわからないのです。したがって、何らかの方法で推定しなければなりませんが、いったいどのような方法が考えられるでしょうか。
まず考えられるのは、「過去に起きたことはこれからも繰り返される」と考えて、過去の収益率を調べてみることです。もっとも、この考え方だと過去に例をみない出来事が起きることを予見できないわけですから、将来の予測方法として完全ではありません。
それでは、過去にとらわれずに将来起きるかもしれないことをあれこれ考えていかなければいけないのかというと、もちろんそうしたシナリオづくりはとても大切なことですが、根拠にもとづかないシナリオづくりはどうしても客観性を欠いてしまいます。したがって、たとえ過去にとらわれない将来のシナリオづくりを目指すとしても、まずは過去を分析することから始めることが得策でしょう。

SECTION 1-2
過去の収益率は期待リターンを表すのか 〜母平均の推定と大数の法則

例として日経平均株価[*1]を考えます。日経平均株価にできるだけ連動するような投資をした場合、1年あたりの期待リターンはどのくらいになるでしょうか。

ちなみに、株式の投資リターンには、株価の変動による損益と配当による収益があります。その2つを合わせたものが株式投資のトータルリターンと呼ばれるものですが、ここでは配当を無視して価格変動による損益のみを考えます。なお、リターンはもともと収益を意味する言葉ですが、株価変動は損失に結びつく場合もあり、その場合はマイナスのリターンということになります。

さて2023年1年間で、日経平均株価は28.2%上昇しました。この上昇率がこれからも毎年続くと考えて、これを期待リターンと捉えてもいいのでしょうか。

株価の変動は、毎年その率が異なっています。もちろん株価が下落することだってあります。実際、2023年のプラス28.2%という数字は、それまでの10年間で最高の数字です。

＊1　日本の代表的な上場企業225社の株価の平均から算出されるものです。あとで出てくる東証株価指数（TOPIX）とともに、日本の株式市場の動向を端的に表す指数としてよく用いられています。

そんな数字を、未来永劫に毎年繰り返されていくものと捉えるのはさすがに無理がありますね。

それでは、2014年から2023年まで10年間の年間変動率を調べて、その平均を取ればどうでしょうか。**図表1-1**で見るとおり、各年の株価変動率にはバラツキがあって、単年の変動率が将来の変動率の最適な予測値にはなりそうにないことがわかります。一方、10年間の平均変動率はプラス8.2%となっていて、各年の変動率はその値を中心に上下に振れているように見えます。これを期待リターンの近似値とみなすことは、それほど無茶ではない気がします。

図表1-1　日経平均株価の年間変動率（2014－2023）

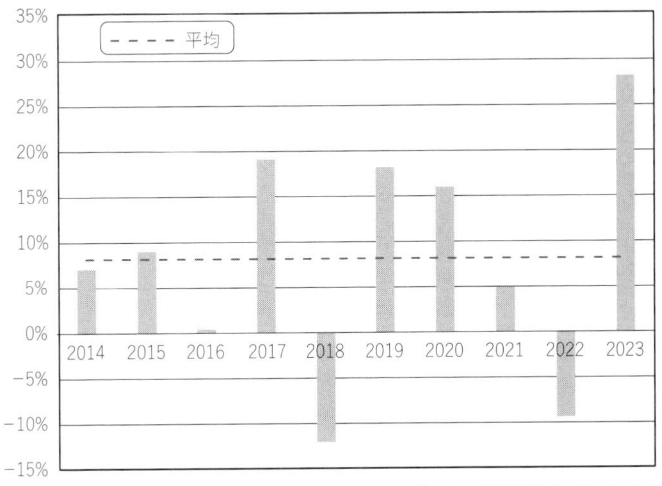

データ：日経指数公式サイトより

ですが、参照する期間は10年でいいのでしょうか。試しに、もっと過去にまで遡ってみましょう。1949年以来の年間変動率[*2]の平均は、10.4%です。以上をまとめると、**図表1-2**のようになりました。どの数字が期待リターンの推定値として最も適切でしょうか。

ここで、次のようなことをイメージしてみましょう。

日経平均株価の年間変動率には、あらかじめ取り得る値が決まっているとします。その全体をわれわれが知ることはできませんが、無数の取り得る変動率の値が書かれた札が箱に入っていて、毎年神様がそのなかから札を1つだけ取り出します。そして、その年に選ばれた札どおりに株価が変動すると考えます。

ここで少々、用語の解説をすると、株価の変動率のように、ある一定の確率に従って様々な値を取るものを**確率変数**と呼びます。そして、その確率変数が取り得るすべての値が含ま

図表1-2　日経平均株価の年平均変動率

期間	変動率
①　2023	28.2%
②　2014 ～ 2023	8.2%
③　1949 ～ 2023	10.4%

データ：日経指数公式サイトより筆者計算

＊2　1949年のみ、その年の始値から終値の変化率、それ以外は前年終値から当年の終値の変化率を使っています。

れた集合、つまりこの場合だと、あり得る株価変動率の値が書かれたすべての札を含む箱の中身全体を、**母集団**と呼びます。

いまここで求めようとしている期待リターンは、この母集団の平均、すなわち**母平均**と呼ばれるものに他なりません。ですが、母集団の全体像は誰も知らないので、これを推定していかなければならないのです。

ここでは、過去、実際に実現した年間変動率を、神様が母集団から選び出したサンプルデータとして考えています。このサンプルデータをいくつか集めたものを標本（サンプル）といいますが、標本には、そこに含まれるサンプルデータの数によって様々なサイズのものが考えられます。図表1-2の①はサンプル数１の標本、②はサンプル数10の標本、そして③はサンプル数75の標本です。これら標本ごとの平均を計算したものが**標本平均**です。

さて、母集団が時間経過に伴って変化してしまうようなものではなく、かつ各サンプルデータも毎回完全にランダムに選ばれているとすると、標本平均は、標本サイズを多くしていくことによって次第に母平均から乖離する可能性が低くなるはずだと考えることができるでしょう。原理的には、標本サイズを無限大にまで拡大できれば、母集団の値がまんべんなく選ばれて、標本平均が母平均に近づいていくことが予想されるからです。これが、確率統計論で最も基本的な定理のひとつである**大数の法則**です。

つまり、大数の法則が成り立つならば、できるだけ多くのサンプルデータから平均を取ることで、より適切な母平均の推定ができることになります。

株価変動率についてもこの大数の法則が適用可能だとすると、日経平均株価の期待リターンの推定値は、前㌻図表1-2のなかで最も標本サイズが大きい③の標本平均10.4%が最も適切である可能性が高いということになるでしょう。

SECTION 1-3
期待値が意味を持つには時間が必要

さて、大数の法則によって、サンプル数の多い標本の平均から真の期待値である母平均をある程度推測できるということは、逆の言い方をすると、期待値が姿を現すためには多くのサンプルデータが必要であるということになります。株式投資でいえば、株式投資の期待リターンは長い時間が経過しなければ浮かび上がってはきません。

先ほどの日経平均の話では、2014年から2023年まで10年間の変動率の平均が8.2%となっていて、過去75年間の平均とかなり近い値になっています。これを見ると、10年もあれば期待リターンに近い値が比較的簡単に実現しそうにも思えますが、これはある意味でたまたまなのです。

たとえば、1992年から2001年までの10年間では、日経平均株価は年平均で5.6%も下がりました。株価の絶対水準で見れば、この10年のあいだに半値以下にまで値下がりしたのです。そうした状況では「株式投資の期待リターンは年あたり10%くらいあるはずだ」ということは何の慰めにもなりません。

それでも、母集団が変化せず、神様が毎年ランダムに札を引き続ける限り、さらに時間が経過するなかで期待値はゆっくりとその姿を現してくるはずです。大数の法則は、こうした意味で非常にざっくりとした法則なのですが、だからといって重要性が低いということにはなりません。むしろ、視点を長期に移したとたんに、それは非常に強力な法則となるのです。

別の視点からも見てみましょう。

ファンドを運用する投資のプロであるファンドマネジャーの成績については多くのデータがありますが、たいていの場合、単年で見るとその成績はピンからキリまで分かれています。素晴らしい成績を収めるマネジャーもいれば、惨憺たる成績のマネジャーもいます。その顔ぶれは、翌年になるとがらりと変わるのが普通です。

ファンドマネジャーにも実力の違いはあるはずですが、実際の成績は神様がくじを引いて決めている場合とあまり見分けがつきません。もちろん、なかには何年にもわたって好成績を収めるマネジャーも少数います。ただし、そのようなマネジャーの成績もまた、時間の経過とともに次第に平凡なものになっていきがちです。

これは“平均への回帰”と呼ばれる現象ですが、偶然が結果に大きな影響をもつ確率的な事象では非常によく見られるものです。しかしながら、そうした平均への回帰を乗り越えてなお、かなりの長期にわたって好成績を残すほんの一握りの投資家がいます。長い時間のテストを乗り越えてきた彼らならば、真の実力が備わっていると判断してもいいのではないでしょうか。

ことほどさように、真の実力が姿を現すには時間がかかるのです。逆にいえば、短期間の成功は運任せで実現することもありますが、長期間の成功は運だけでは持続しません。これもまた大数の法則に導かれた、この世界における大きな法則のひとつといえるでしょう。

SECTION 1-4
米国市場での実例

ここで、実証データが豊富に存在する米国市場の例も見ておきましょう。ニューヨーク大学のアスワス・ダモダラン教授の研究によると、米国株（S&P500株価指数）の年ごとのリターンは**図表1-3**のようになっています。ちなみに、このデータには価格変動によるリターンだけでなく配当分の収益も含まれています。

図表1-3　アメリカ株（S&P500）年間リターンの推移（1928－2023）

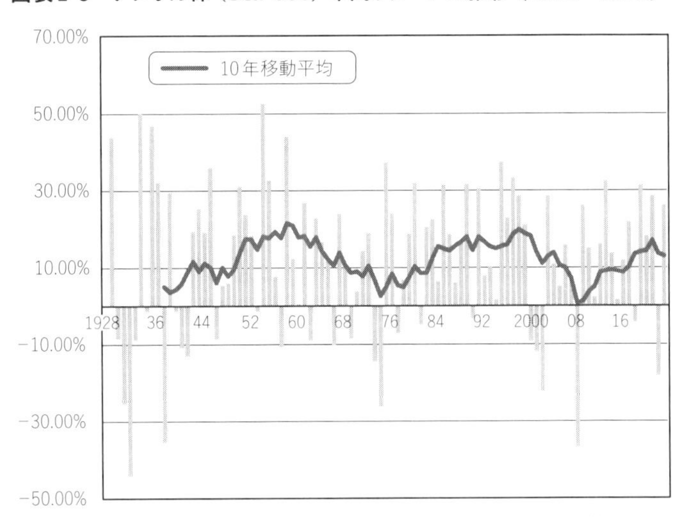

データ：ニューヨーク大学ダモダラン教授HPより

グラフには、各年までの10年間の平均値を計算した**移動平均**線も示しています。これを見ると、株式投資の収益率には好調な局面と不調な局面があることがわかりますが、趨勢的に水準が上昇したり低下したりしている様子はうかがえません。経済成長率が趨勢的に低下していることを考えると株式収益率の水準が変わっていないことには少し不思議な感じもしますが、これを見る限り、株式投資の期待リターンが時間の経過とともに変化していると考える明確な証拠はありません。つまり、株式収益率の母集団は変化していないとみてもよさそうですが、そうであれば、大数の法則に従って、できるだけ長い期間の平均リターンから株式投資の期待リターンを推定することは有効なやり方だと考えることができます。

ところで、ダモダラン教授のホームページには投資の長期リターンに関する様々なデータが載っています。

次㌻**図表1-4**①は、1927年末に100ドルを米国株に投資していたらそれがその後にいくらにまで増えたかを計算したものです。平均的なリターン率が長期的にあまり変わっていないように見えるわりに、投資資産額は加速度的に増えていて、なんだかバブル相場のような危うさが感じられるかもしれません。

ただこれは、100ドルが10%増えると額としては10ドル増えるだけなのに対して、1万ドルが同じく10%増えると額は1000ドルも増えるという単純な関係を反映したもので、株式の収益率が加速度的に変化したことを表しているわけではないのです。

図表1-4　1927年末にアメリカ株に100ドル投資していたら…

①実額ベース

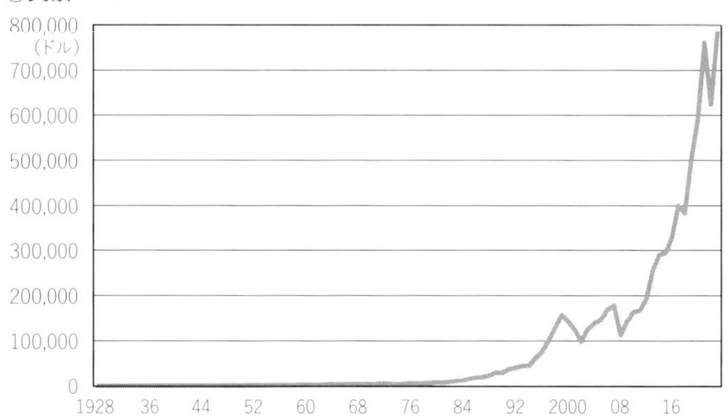

②対数グラフ

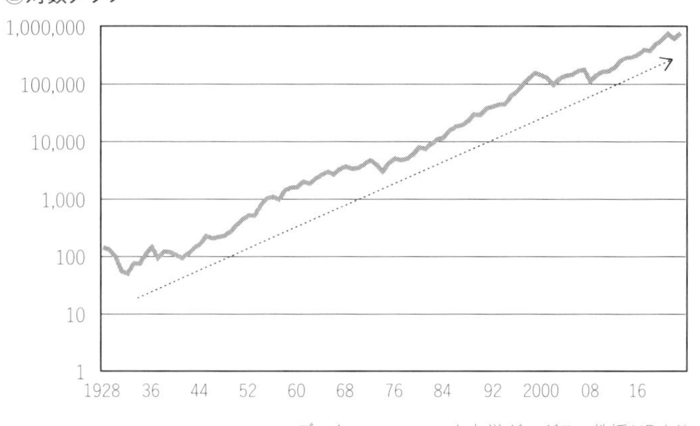

データ：ニューヨーク大学ダモダラン教授HPより

ちなみに、このように一定の率で資産が増加していくだけで次第に資産の増加幅が大きくなり、長期的に見るととても大きく膨れ上がる効果のことを“**複利の魔法**”と呼んでいます。ただし、複利の魔法の恩恵を受けるためには、途中で投資資金を引き出したりせず、何らかの収益が上がったときにはそれをすかさず再び投資に回していく必要があります。

このような複利の魔法が生む効果に惑わされずに長期的データを見たいときに便利なのが、対数グラフというものです。図表1-4②は、先ほどの図表1-4①を対数グラフに変換したものですが、このような変換はエクセルなどで簡単に行なうことができます[*3]。この場合は、縦軸が対数の値に比例するようにつくり直されているのですが、対数とは何かはあとで触れるのでここではあまり気にしないことにして、このようにすると一定の変化率が続いた場合にちょうど直線に見えるようになり、したがって資産額の水準変化による影響が取り除かれた形で示されるというふうに理解してください。このような対数グラフを見ると、資産額はほぼ直線に沿った形で増えており、したがって米国株の平均的なリターンがほぼ一定の水準に保たれていることが直感的に確認できます。

同じくダモダラン教授のホームページには、他資産との比較も載っています。それが次㌻**図表1-5**です。株式の長期的な平均リターンは、国債などの安全資産と比べて年あたり7〜8％も高いのがわかりますね。ということは、株式の期待リターンは国債などの期待リターンよりもだいぶ高いと考え

＊3　エクセルのグラフの縦軸のところで「軸の書式設定」→「軸のオプション」にある「対数目盛を表示する」にチェックを入れるとこのようなグラフになります。

図表1-5　様々な資産の年あたり平均収益率

	S&P 500（配当含む）	米国債（3ヶ月物）	米国債（10年物）	米社債	不動産
1928～2023	11.66%	3.34%	4.86%	6.95%	4.42%

データ：ニューヨーク大学ダモダラン教授HPより

ることができます。

確率統計論とは直接関係ありませんが、このようにリスク資産の期待リターンが安全資産の期待リターンを上回っているその差分を、**リスク・プレミアム**と呼びます。リスク・プレミアムは、これまた投資理論では極めて重要な概念でありながら、誰も正確な値を知らない存在です。

リスク・プレミアムとは、投資家が何らかのリスクを負うことに対して追加で求めるリターンです。国債のような安全資産のリターンは余計なリスクを負わずに得られるものですが、一方、株式投資のように、それよりもリスクが大きいものに投資するには、十分な見返りが期待できることが必要でしょう。したがって、株式投資の期待リターンは、国債などのリターンと比べて、リスク・プレミアムの分高くなっていなければならないと考えられるのです。

投資理論では、このようにリスク・プレミアムの存在が重要な前提とされていますが、その水準は理論ではわからず、結局は過去のデータをもとに類推するしかありません。こうして実際の統計データを見ることで、その存在が確かなものであることはわかりますし、その期待値の推計もある程度はできそうです。

このリスク・プレミアムの存在が何を意味するかというと、投資の世界ではリスクが高いものほど儲かるようになっているということです。これはたんに、「リスクをとらなければ大きなリターンは得られない」という一般的な関係を表しているのではありません。リスクをとることによって平均的なリターンが押し上げられるということを意味しており、大胆な言い方をすれば「リスクの大きいものほど儲かりやすい」ということです。

過去データの平均を取るだけで、こんなにもいろいろなことがわかってきました。

ただし、それらはあくまでも長期平均的に獲得が期待できるものであって、短期間で実現する保証はどこにもないことはいうまでもありません。短期の成績は期待値から大きくかけ離れたものになるかもしれず、したがって大ケガを負ってしまう危険も拭えません。

では、実際に短期で実現するリターンは、期待リターンからどれだけ外れたものになりうるのでしょうか。この問いがリスクという概念に結びついていきますが、その点については、次の章で見ていくことにしましょう。

SECTION 1-5
用語や計算方法のまとめと補足

【期待値の計算】

期待値は、確率変数が取り得るすべての値を、その値が出現する確率で加重平均したものです。たとえば、今後1年間の株価変動シナリオが以下の3通りだけだとします。

10%上昇する………………発生確率40%
20%上昇する………………発生確率30%
10%下落する………………発生確率30%

この場合の今後1年間の株価変動率の期待値は、

10%×40%+20%×30%+(−10%)×30%＝7%

となります。

よく見られる期待値の定義式によれば、

$$E[X]=\sum_{i=1}^{n}x_i p_i$$

$E[X]$　確率変数Xの期待値
x_i　確率変数Xが取り得るそれぞれの値
p_i　確率変数Xがx_iとなる確率

という形になります。

もし、どの取り得る値も同一の確率で発生すると考えられるものであれば、各値の単純平均（average）[*4]で計算すればよく、

$$E[X]=\frac{1}{n}\sum_{i=1}^{n}x_i$$

となります。エクセルであれば、

＝AVERAGE（x_iのデータ系列）

という関数で計算できます。

これは一般的に「平均」と呼ばれるものですが、どの取り得る値も同一の確率で発生すると考えられるのであれば期待値と平均は同じものになります。たとえば過去のデータや実際の観測値などから期待値を推定する場合、一つ一つのデータは同じ重みを持つと考えられるので、期待値の推計としてこの単純平均の計算が使えます。

【大数の法則】

母集団から無作為に選ばれた標本の標本平均は、標本数が

＊4　本書でいくつか紹介するエクセルの関数は、英語そのままか、その短縮形が関数記号になっていることが多いので、対応するエクセル関数を紹介するものには、できる限り英語も表記しておきます。もし余力があれば覚えておくと便利だと思います。

増えるにしたがって母平均からの乖離が小さくなることを予想するのが大数の法則です。

たとえば、サイコロは1から6まで6個の取り得る値があり、それぞれの出現確率は等確率すなわち6分の1ずつと考えられるので、その期待値は3.5（$=1\times\frac{1}{6}+2\times\frac{1}{6}+3\times\frac{1}{6}+4\times\frac{1}{6}+5\times\frac{1}{6}+6\times\frac{1}{6}$）となります。ここで、サイコロを何回か振って平均を取ることを考えます。1回だけ振ると、1から6までのどれかの値が出て、期待値3.5に近い値が出る保証はありません。2回振って平均を取ると、バラツキは大きいでしょうが、1回だけ振ったときよりも3.5に近い値になる確率は高まります。以下同様に、3回振って平均を取る、4回振って平均を取る、というように振る回数を増やすことによってその平均値はより3.5に近い値が出やすくなることが予想されるのです。これが大数の法則です。

大数の法則には、若干定義が緩やかな弱法則と、より厳格に期待値への収束を予測する強法則があります。

SECTION 1-2では大数の法則が成り立つ前提として「母集団が時間経過に伴って変化してしまうようなものではなく、かつ各サンプルデータも毎回完全にランダムに選ばれているとする」と書きましたが、これは専門的には「独立同一分布に従う」と表現されるものです。大雑把にいえば、母集団の確率分布が一定のままで、かつそれぞれ抽出される値に何らかの相関性がない場合、ということです。株価変動率が厳密にこの前提に沿うものであるかどうかについては最終章できちんと考えていきますが、期待リターンの推定という意味ではそれほど気にする必要はなく、すでに触れたとおり、ざっくりと「期待リターンはできるだけ長い期間のデータから類推するほうがいい」くらいに捉えておけばいいと思います。

【複利】

複利は、資産額が定率で増加していく場合の将来の資産額の計算方法のことです。

たとえば、毎年r（1％ならば0.01）の割合で資産額が増加するとします。いま手元にある10000円は、rを1％とすると1年間で$10000 \times 0.01 = 100$円が増え、1年後の資産額は10100円になります。元の額の1.01倍になっていますが、これは元の額にr分が加わったわけですから$(1 + r)$倍と表せます。

次の1年は、この10100円がスタートの額になり、それにrを掛けた分だけ資産額が増えます。$10100 \times 0.01 = 101$円が増えて、合計10201円ということですね。この2年目も資産額はやはり1.01倍になっており、これも$(1 + r)$倍と表せます。最初の1万円を起点にすると、2年後の資産額は$10000 \times (1 + r) \times (1 + r)$になっており、したがって$10000 \times (1 + 0.01)^2 = 10201$円と計算できます。

このように毎年1年ごとに資産額は$(1 + r)$倍になっていくので、これをn年間続ければ、n年後の資産額はいまの資産額の$(1 + r)^n$倍という計算になります。

複利計算は、この掛け算をどのくらいの間隔で繰り返していくかによって様々な種類があるのですが、いま説明した事例では1年ごとに掛け算を繰り返していくので、1年複利といわれるものになります。半年ごとに掛け算を繰り返していくという計算方法をとることもでき、その場合は半年複利という計算方法になります。rが同じであっても、1年複利と半年複利では経済効果が異なるので、区別することが必要です。

いずれにしてもこの複利計算では、率rが高いほど、そして年数nが大きいほど、計算結果がどんどん大きくなり、次第に信じられないくらいの額にまで膨れ上がるようになります。それが複利の魔法です。

【対数】

対数は、$log_A B$などと表され、Aを何乗するとBになるかという値を表します。ですから、$log_A B=x$とすると、$A^x=B$が成り立ちます。$log_A B$のA部分を底（てい）というのですが、一般的には、この部分に“自然対数の底”と呼ばれる数字eを使った自然対数（natural logarithm、$LN(x)=log_e x$）というものがよく使われます。eは、一応定義式はあるのですが、一言では説明できない謎めいた定数で、値は2.718281……です。これを使うと様々な計算ができるということで、円周率πと並んで数学の世界では非常によく登場するものです。

いずれにしても、数学的な定義とにらめっこするだけでは自然対数の意味はわかりづらいと思いますが、結論だけ述べると、一定の増加率の複利計算（ただし、先ほどの説明のように年に1回掛け算をするのではなく、瞬間的な掛け算を連続的に行なう）で、資産額の増加による複利の魔法の効果を取り除いて、「年あたり増加率×年数」による効果だけが表されるような値に変換することができるものになります。

自然対数は、エクセルでは、

＝LN（xの値）

で計算できます。

【移動平均】

時系列データからトレンド（傾向）をあぶり出すためによく使われる手法のひとつです。そのなかにもいくつかのやり方がありますが、最も簡単な方法では、ある基準時点から溯って一定期間の単純平均値を計算します。それを基準時点ごとに計算していくのですが、基準時点を進めるにつれて平均を取る一定期間も移動していくので、移動平均と呼ばれています。

COLUMN

確率論的な思考と期待値のパラドックス

私は十数年前に『確率論的思考』（日本実業出版社）という本を執筆しました。この本のタイトルは、元米財務長官のロバート・ルービン（1938－）が提唱する“蓋然的思考”にちなんで付けられたものです。

ルービンは、弁護士から転じてアメリカの大手投資銀行ゴールドマン・サックスのトレーダーとなり、その経営トップに上り詰めた後、クリントン政権の大統領補佐官、そして財務長官を歴任した人物です。在任当時は、初代アレクサンダー・ハミルトン以来の名財務長官と評されるほどに手腕を発揮しました。そんな政財界で大成功を収めた彼は、その成功を支えたのが蓋然的思考であったと回顧録に繰り返し記しています。

自分にとって良いシナリオだけでなく悪いシナリオも考え、どのようなシナリオがどのくらい生じうるか、それぞれのシナリオでどのくらいの損益が生まれるかを冷静に見極めてから判断を下すのです。いってみれば、期待値をできるだけ客観的に算出し、それにもとづいて意思決定をするということです。

もちろん、不確かな状況のもと機動的な判断を求められるトレーディングの世界で、期待値を客観的に推定すること自体、それほど簡単なことではありません。それに、期待値はあくまでも期待値ですから、実際に生じる損益が期待値どおりになるとは限りません。でも、その努力を続けていけば、やがて確率が姿を現し、成功に導いてくれるはずです。

ただし、期待値には落とし穴もあります。ルービンの蓋然的思考でも、期待値にもとづいて判断することを基本としつつも、同時に、悪いシナリオが実現したときにでも破滅的な打撃を受けないようにすることが重要であると説かれています。どれだけ期待値の高い行動であっても、運に恵まれず最悪の結果になってしまうことはあります。そのときに、再起不能な打撃を被ってしまえば、次の機会にトライをすることができなくなり、いくら期待値が高くてもその意味は失われてしまいます。

期待値の落とし穴を示す有名なたとえ話のひとつに、“サンクトペテルブルクのパラドックス”というものがあります。

次のようなゲームを考えてみましょう。コインを投げて、1回目に表が出れば2円をもらってゲームは終了です。表が出なければゲームを続け、2回目に表が出れば4円、3回目なら8円というように、初めて表が出た回数を x として2の x 乗円をもらって終わりとなります。このゲームの参加費用が100万円だとしたら、はたして参加する価値はあるでしょうか。

このゲームの期待利益は、計算してみると無限大になるのです。x が大きな数字になる確率は非常に小さくなりますが、それを打ち消すようにそのときの賞金額が幾何級数的に増えていくからです。つまり、期待値からいえばどれだけの参加費を払ってでも行なうべきゲームということになります。しかし、実際にはごくわずかの賞金をもらっておしまいになる確率が圧倒的に高く、100万円を払って参加することが合理的だとはとても思えません。

このパラドックスは、スイスの華麗なる数学者一族・ベルヌーイ一族のひとりで、大数の法則の発見者として知られるヤコブ・ベルヌーイ（1654－1705）の甥にあたるダニエル・ベルヌーイ（1700－1782）がサンクトペテルブルクで研究生活を送っていたときに提唱したものです。彼自身は、得られる金額が増えるに従って心理的な満足である効用が低減していくと仮定することでこのパラドックスを説明しています。この考え方は、いまでは“限界効用逓減”として知られる経済学の重要な法則と同じものです。

要するに、期待値はとても重要なものですが、それだけでは必ずしも適切な意思決定はできないということです。では、期待値に加えて何に注目すればいいのでしょうか。それが第２章で取り上げる確率変数の振れ幅の大きさの話につながっていきます。

PROBABILITY & STATISTICS

第2章

ボラティリティって何?

投資判断では、期待リターンとリスクのバランスを
どうとるかが最重要課題である。
そして、リスクのうち最も影響が
大きい価格変動リスクの大きさを示すのが
ボラティリティと呼ばれる指標である。
では、ボラティリティとは何なのか?

SECTION 2-1

ボラティリティとは

何かに投資するとき、前章で見た期待リターンのみでは的確な投資判断はできません。期待リターンは必ず実現するリターンではなく、あくまでも長期平均的にみて実現するであろうリターンです。単年でみれば、実際に実現するリターンは期待リターンの上にも下にも振れるはずで、下手をすれば大きな損失を被って途中で投資からの撤退を余儀なくされるかもしれません。そうなれば、いくら期待リターンが高かろうとも、それは絵に描いた餅に過ぎなくなります。

期待リターンが年10%だとしても、うまくいけば30%のリターンが上がるかもしれないし、逆にマイナス10%になるかもしれないというようなことです。投資のリスクとは、このように、実現するリターンが期待リターンから乖離するときに、そのうちの下振れする可能性とその度合いを測るものといえます。

株式投資のリターンはすでに触れたとおり株価の変動と配当の受取からなり、どちらも変動する可能性がありますが、リターンの振れ幅に与える影響でいうと価格変動の影響が圧倒的に大きいでしょう。そうであれば、株式投資の主要なリスクは株価変動によってもたらされると考えることができます。

株価は、大きく値上がりすることもあれば、大きく値下がりすることもあります。その振れ幅の大きさがリスクを生むのです。

株価に限りませんが、一般的に市場価格の変動率の振れ幅の大きさを示すのに使われる指標が**ボラティリティ**です。

気をつけて欲しい点は、ボラティリティには価格の上昇、下落といった方向性は加味されていないという点です。上昇方向であろうが下落方向であろうが、あくまでも価格変動率の振れ幅の大きさを示します。ですからボラティリティは、リスク、すなわちリターンの下振れの大きさを示すだけでなく、リターンの上振れの大きさも示します。つまり、ボラティリティが大きいということは「大きな利益を上げられるかもしれないし、大きな損失が発生するかもしれない」ことを意味し、ボラティリティが小さいということは「大きな利益は期待薄だが、大きな損失が発生する可能性も低い」ことを意味します。

このボラティリティは、資産運用やトレーディング業務、およびそのリスク管理において最も重要となる概念のひとつです。また、デリバティブの重要分野であるオプション[*5]の取引では、その価格を決定する最大のファクターとなります。というよりも、オプションの市場は、実質的にはボラティリ

＊5　本書では詳しく取り上げませんが、オプションは“権利の売買”の総称です。具体的には、特定の株式を将来の一定時点であらかじめ決められた価格で買うことができる権利、あるいは売ることができる権利といったものを売買します。

ティを取引する市場そのものであり、その取引市場が巨大であることを見てもボラティリティの重要性をうかがい知ることができます。

SECTION **2-2**

標準偏差を理解する

ボラティリティは、日本語では一般に「価格変動率」と訳されることが多いと思います。ただし、正確にいえば、「価格変動率の標準偏差」ということになります。

では、**標準偏差**とは何でしょうか。

まずは言葉の意味からすると、標準的な偏差、ということになりますが、偏差はここでは期待値からのずれを意味するので、実現する値が標準的にみて期待値からどのくらいずれるかを測ったものといえます。なぜ“標準”というやや曖昧な言葉を使い、もっとわかりやすい“平均”と呼ばないかというと、それは「期待値からのずれの大きさの平均」ではないからです。

このことを理解するには、標準偏差の数学的な定義も知っておく必要があります。標準偏差は**分散**といわれるものの平方根として定義されます。では、分散は何かというと、「期待値からのずれ（偏差）の二乗の平均」です。

わかりやすいサイコロの事例で考えてみましょう。サイコロには1から6までの取り得る値があり、その期待値は3.5ということでした。1という目は、その期待値からは－2.5ずれています。同様に計算していくと、1から6までの各目の期待値からのずれは、－2.5、－1.5、－0.5、＋0.5、＋

1.5、＋2.5となります。

ここではこのずれの大きさを端的に表す値を知りたいわけですが、ではこれらの値の平均を取ってみればどうなるかというと、0になってしまいます。プラスの偏差とマイナスの偏差が打ち消し合ってしまうからです。そこで、プラスマイナスが打ち消し合わないようにしてなんとかずれの大きさを示す数字を算出することを考えるのですが、それにはいくつかのやり方があります。

最もわかりやすいのは、それぞれの目の偏差の絶対値2.5、1.5、0.5、0.5、1.5、2.5の平均を取るというものです。計算すると1.5になりますが、これを平均偏差（標準偏差ではなく）と呼びます。これなら、「期待値からのずれの平均的な大きさ」と理解することができますね。

別のやり方では、それぞれの目の期待値からのずれをいったん二乗にします。マイナスの値も二乗にするとプラスになるので、プラスマイナスが打ち消し合うことがなくなるのです。このずれの二乗を平均したものが分散です。ただし分散はあくまでも二乗された値なので、期待値からのずれの大きさを知るためにはそれを平方根にする必要があります。それが標準偏差です。

平均偏差に比べて少しややこしいと思いますが、期待値からのずれの大きさを扱うときに、そのずれの大きさを端的に表す値として、この標準偏差が一般的には使われています。

ちなみに期待値は、いわば確率変数全体をたった1つの数字で代表する値です。しかし、確率変数を代表する値にもいろいろな考え方のものがあり、たとえば、確率変数が取り得る値を上から（下からでも可）順に並べてちょうど真ん中にくる値を代表値として扱う考え方もあります。このときの値が**中央値**（メディアン）です。

あまり気にしなくてもいいのですが、確率変数を代表する値と、それぞれの値がそこからどれだけずれるかを表す偏差の計算方法は一応セットになっていて、メディアンからのずれを計算するときは先ほどでてきた平均偏差を、期待値からのずれを計算するときは標準偏差を使うことがよいとされています。

SECTION **2-3**

データの意味は標準偏差によって決まる

たとえば、ある高校３年生の男子の身長が176センチなら、背が高い部類に入ることは間違いないでしょう。**図表2-1**のデータによれば、高校３年生男子の身長の平均は170.6センチです。つまり、176センチならそれよりも5.4センチ高いということがわかります。平均と比べることで、高い部類か低い部類かは判別できますが、ではそれは全体のなかでいっ

図表2-1　高校３年生男子の身長の分布（2019年度、1cm単位の千分率）

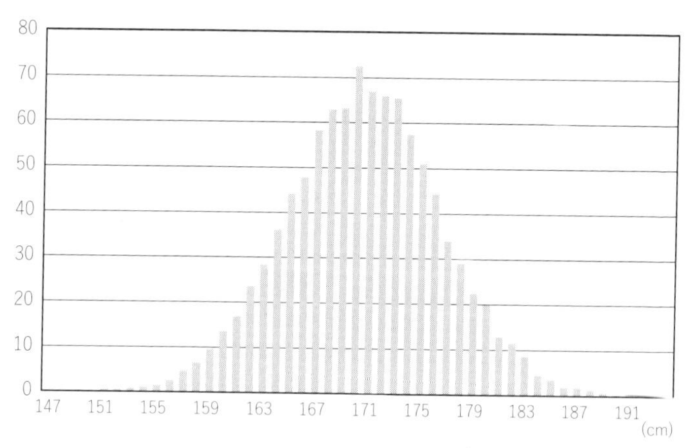

データ：学校保健統計調査

※千分率は千分の一を示すので、"50" ならば50/1000、つまり５％を意味します。

たいどのくらい高いものなのでしょうか。
そのことを知るには、この例での平均との差5.4センチが、全体のデータの振れ幅のなかでどのあたりに位置するものかを知る必要があります。そのときに重要な手がかりになるのが標準偏差なのです。
計算過程の詳細は省きますが、先ほどのデータから標準偏差を計算すると5.9センチとなります。標準偏差は、平均からのずれの標準的な大きさでしたから、平均プラスマイナス標準偏差、つまり170.6±5.9で、164.7～176.5くらいが、まあまあ標準的な身長の範囲ということになるでしょう。標準的という言葉はややあいまいなものですが、実際にこの範囲に含まれる人の数を調べると、全体の約7割の人がこのゾーンに含まれ、ここから外れる人が約3割います。こんな感じの範囲を"標準的"とするのは、ざっくりしたイメージとしてそれほど違和感はないのではないでしょうか。
高校3年生男子における176センチの身長は、このゾーンの上限近いところに位置しているわけで、したがって「やや高い部類に入るが、標準的な範囲にとどまっており、特別に高いというわけではない」というような評価をすることができるでしょう。
これが183センチの身長なら、平均からの乖離が＋12.4センチとなり、標準偏差の2倍以上の差となります。この場合は、「かなり高い」と評価してもよさそうです。実際に数えてみると、183センチ以上の人は全体の2.4%しかいません。
このように、個々のデータの平均からのずれを標準偏差と比較することで、そのデータが全体のなかでどのくらいのところに位置しているかを大まかに知ることができるのです。

皆さんもよくご存じの偏差値は、まさにこの原理を利用したものに他なりません。

偏差値は、テストなどの点数を全体の平均値と比較して、それが標準偏差の何倍分、平均値からずれているか計算をして数値化したものです。

この偏差値では、平均が50、標準偏差が10という値になります。平均よりも標準偏差１倍分いい点ならば偏差値は60です。先ほどの身長の例でいえば、176センチくらいに相当します。偏差値が70ならば、平均よりも標準偏差の２倍分いい点ということになり、先ほどの例でいえば183センチくらいの身長に相当します。

このようにして、標準偏差を知ることによって、個々のデータの全体における位置づけが初めてわかってくるのです。

SECTION 2-4

実例……ボラティリティの計算手順

それでは、市場価格変動率の標準偏差であるボラティリティはどう計算すればいいでしょうか。

金融実務で使われるボラティリティの定義や算出方法には複数のものがあるのですが、ここではリスク管理などによく用いられる過去の価格変動データから計算する手順を見ていきます。こうして求められたボラティリティはヒストリカル・ボラティリティと呼ばれています。これはあくまでも過去の数値であって、それが将来にもそのままあてはまる保証はありませんが、過去を知ることは将来を予想する第一歩ともなりますので、とりあえず話を進めていきましょう。

例として、2023年における日経平均株価の日次データを使ってボラティリティを計算してみます。手順としては以下のとおりです。

① 各営業日の日経平均終値が前営業日の終値からどれだけ変化したか、その変化率を計算します。変化率の計算方法にもいくつかの方法がありますが、ここでは最も分かりやすい $日次変化率=\frac{当日の終値-前日の終値}{前日の終値}$ という式で計算します。

② 2023年の全営業日における①の日次変化率の値を平均

します。

③　各営業日の日次変化率が②の平均からどれだけずれているか、その差を計算します。

④　③の値を二乗します。

⑤　2023年の全営業日における④の値を平均します。

⑥　⑤の値の平方根を計算します。これが1日の価格変動率が標準的にみて平均からどれだけずれるかを計算した値、すなわち日次ボラティリティと呼ばれるものになります。

エクセルなどで計算する場合、実際には、①の日次変化率を計算し終わったら、「=STDEV.P（日次変化率のデータ系列）」[*6]という関数を使って一発で答えを求めることができるので、⑥までのステップを順番に踏まなくてもいいのですが、この関数が何を計算しているかは知っておく必要があります。

さて、計算した結果は、**図表2-2**のとおりです。

分散は確率統計論の世界ではとても重要なものですが、その値は期待値からのずれを二乗した値の平均なので、そこから直接何かを読み取ることはむずかしいと思います。一方で、標準偏差なら「1日あたりの株価の変動率は、期待値（+0.106%）から±1.010%程度は標準的にずれる」という具合に理解することができます。

＊6　説明は後で出てきますが、これは標本標準偏差を求める関数で、不偏標準偏差を求めたい場合は、「=STDEV.S（）」という関数を使います。

図表2-2　2023年日経平均株価の一日あたり価格変動率

期待値	0.106%
分散	0.010%
標準偏差	1.010%

→ 年率換算 16.0%

Investing.comのデータから筆者が計算

ちなみに、一般的にボラティリティは年率で表すことが習わしになっています。1年あたりのボラティリティは、当たり前ですが1日あたりのボラティリティよりもかなり大きくなるはずです。

このように、ある期間のボラティリティを別の期間のボラティリティに変換するのに非常に便利なやり方があります。それは**ルートT倍法**といわれるものです。

まず、株価が動くのは株式市場の営業日だけなので、1年が営業日ベースで何日分かを数えます。日本の場合はだいたい245日前後で、年によって変動があるのですが、多少の差異は影響も小さいので、あまり厳密に数える必要はなく、ここではざっくり250日としておきましょう。その場合、日次ボラティリティに$\sqrt{250}$を掛けて年率に変換するというやり方がルートT倍法です。

金融の理論では、市場価格の変動は、ランダムな動きが延々とつながっていく**ランダムウォーク**と呼ばれる動きによって成り立っていると考えるランダムウォーク理論というものがあります。このランダムウォークの過程では、変数の取り得る値の分散が時間の経過に比例して増えていくという性質があるのです[*7]。

たとえば、コインを投げて、表が出れば＋１、裏が出れば－１を加算していくゲームをイメージしてみてください。スタートからポイントは上に振れたり下に振れたりしながら、ジグザグに進んでいきます。これがランダムウォークのイメージです。何回かコインを投げてその結果を記録します。それを繰り返すと、結果にはばらつきが生じます。そのばらつき具合から計算されるのが分散でした。

このとき、一つ一つの結果を得るためにコインを投げる回数をＴ倍に増やすと、結果の値の分散もまたＴ倍に拡大するのです。

ということは、株価の変動も瞬間々々のランダムな動きが連なったものだと考えれば、時間経過がＴ倍になると株価変動率の分散もＴ倍になり、ボラティリティはその平方根なのでルートＴ倍ということになるはずです。

株価の変動が本当にランダムな動きの積み重ねなのかという問題は残りますが、このルートＴ倍法は金融実務のなかでも非常によく用いられている手法です。

ということで、先ほどの日次ボラティリティ1.010％に$\sqrt{250}$を掛けると16.0％という答えを得ます。これが年率換

＊７　あとで見るように、ランダムウォークは正規分布につながります。したがって、この性質は正規分布に密接に結びついたものといえます。正規分布についてはあらためて第３章で取り上げます。

算後のボラティリティです。

さて、第1章の期待リターンは、できるだけ多くのデータから推定することが適切であると考えられました。ここでは、1年間のデータだけを使ってボラティリティを計算しましたが、もっと長い期間のデータを使うべきではないのでしょうか。

実は、ボラティリティを計算するときにどのくらいの期間のデータを使うべきかについては必ずしも正解がありません。もちろん、日次ボラティリティを計算するうえで使用するデータ数が多いほど、より長期平均に近い安定的な値が得られやすくなると考えることはできます。ただし、もし仮にボラティリティの変動に周期性のようなものがあり、短期的にボラティリティが高まる時期があるのだとすれば、長期平均的なボラティリティを使うだけだと十分にそのリスクを捉えることができなくなります。

ボラティリティはリスクを評価するための指標として用いられることが多く、そうした意味では単純に使用するデータの期間を長くすればいいとはならないのです。そのため、実務上は目的に沿ってデータの取得期間を考えなければいけないのですが、たとえば金融機関の短期的な市場リスク管理では、1～5年程度のデータが使われることが多いようです。

SECTION **2-5**

確率分布と頻度分布

ここまでの話をまとめると、株式の期待リターンは、配当を無視すれば、株価変動率が取り得る値の期待値であり、ボラティリティは、実際に実現する株価変動率がその期待値から標準的にどのくらいずれそうかを示す数字ということになります。この２つの数字を知ることで、将来の株価変動率がだいたいどのくらいの範囲に収まりそうかということが、うっすらとイメージできるようになります。

もちろん、標準偏差はあくまでもずれの標準的な大きさを示すものですから、実際のずれはそれよりもずっと大きなものにも、ずっと小さなものにもなり得ます。ですが、標準偏差の何倍もの大きなずれは、起きるとしてもその発生確率がだいぶ小さくなると予想できるでしょう。

さらにこれ以上のことを知るには、株価変動率が取り得る値とその発生確率についての全体像が必要です。この確率変数の取り得る値とその生起確率をすべて示したものが**確率分布**と呼ばれるものです。

再びサイコロを例にすると、１回サイコロを振ったときにでる目は１から６まであり、それぞれの生起確率は６分の１ずつです。それをグラフに表すと**図表2-3**①のようになります。確率分布とはこういったもののことです。ちなみに、こ

図表2-3　サイコロの目の確率分布

①１回振ったとき

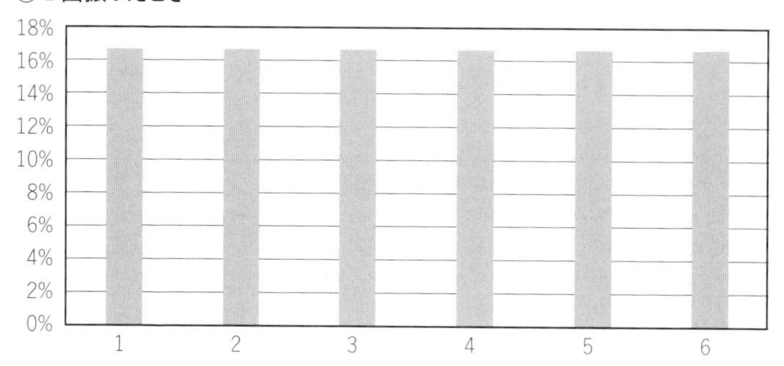

②２回振ったときの平均

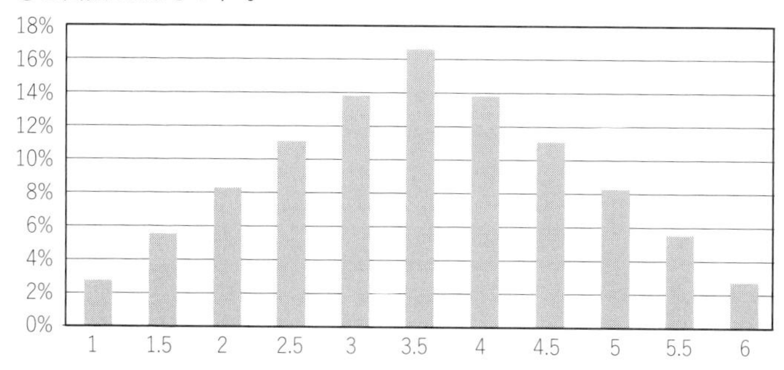

③３回振ったときの平均

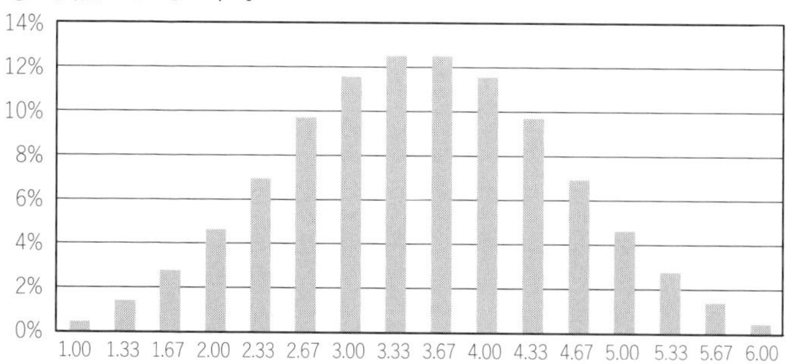

のように確率の大きさが横一線に並んでいるものを一様分布といいます。

前ページ図表2-3②は、サイコロを２回振ったときの目の平均の確率分布で、③は３回振ったときの目の平均の確率分布です。

②の計算についてだけ簡単に触れておくと、サイコロを２回振って平均が１になるケースは、１回目が１で２回目も１の場合だけです。１の目が出る確率は６分の１（およそ16.7%）で、それが２回続く確率は、６分の１を２回掛け合わせた36分の１（およそ2.8%）です。次に、サイコロを２回振って平均が1.5になるケースを考えると、１回目が１で２回目が2の場合と、１回目が２で２回目が１の場合の２通りがあります。それぞれの確率がやはり36分の１で、それが２通りあるので合わせて36分の２（およそ5.6%）です。このような計算を順々にやっていくと、この確率分布ができあがります。

さて、確率分布と非常に似かよったものに**頻度分布**（**ヒストグラム**）というものがあります。厳密にいえば、確率分布が将来取り得る値の確率を並べたものであるのに対して、頻度分布は過去のデータや観測値からどの範囲の値の出現頻度が高かったかを調べたものになります。

たとえば、サイコロを実際に振ってみて、その目の平均を記録し、どの範囲の値が何回発生したかを数えていきます。**図表2-4**は、コンピュータでシミュレーションしたものですが、サイコロを３回振って平均を取ることを50回繰り返し

図表2-4　頻度グラフ（ヒストグラム）

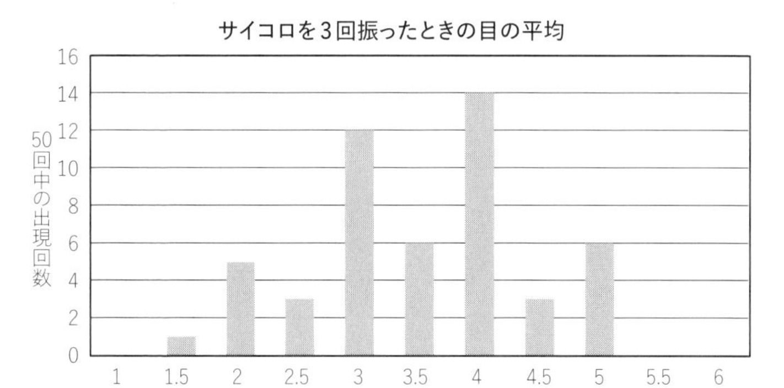

たときの頻度分布です。無数に繰り返せば図表8③の確率分布と同じようになるはずですが、試行回数が限られているので完全には一致しません。頻度分布は実際の観測データを使うので、本来の確率分布とは多少のずれが生じるのです。

このような頻度分布は、身近なところでも目にすることが多いでしょう。たとえば、身長の分布を示した先ほどの42㌻図表2-1をもう一度見てみましょう。これも頻度分布です。やはりサイコロを複数回振って平均を取ったときとよく似た山型の分布になっていますね。これは次章で取り上げる正規分布と呼ばれるものに非常に近い分布ですが、このタイプのものは世の中に非常によく見られます。

世の中によく見られる分布の形状としては、他に、次㌻**図表2-5**のように左右の一方が大きく引き伸ばされたものがあります。この図は年収の頻度分布ですが、ごく一握りの人が、多くの人が得ている年収レベルとかけ離れた高年収を得てい

図表2-5　所得別世帯数の分布

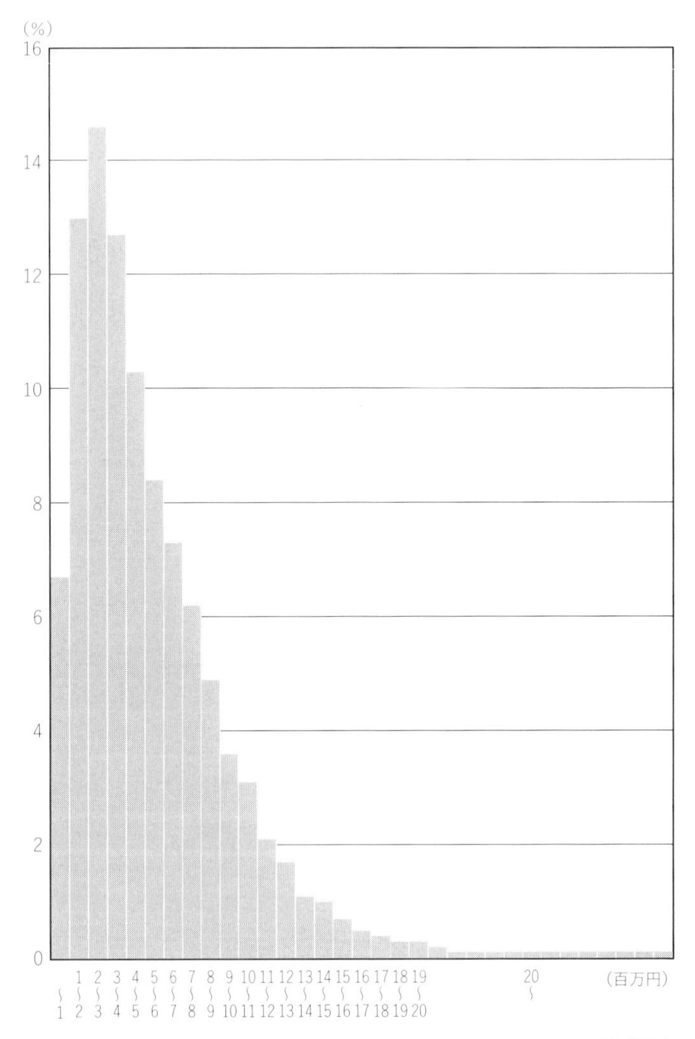

データ：2022年国民生活基礎調査

ることでこのように右に大きく引き伸ばされた形状となっているのです。

このような分布では、平均値が、ごく一部の桁外れの年収値、こうしたものを外れ値というのですが、その外れ値に引きずられてしまい、社会全般の所得水準を表すのに必ずしも適切な値ではなくなる場合があります。このような場合によく用いられる代表値が、さきほど少し触れた中央値です。ちなみに、このデータによると、年収の平均値545.7万円に対して中央値は423万円です。おそらく中央値のほうが、より多くの人の実感に近い数字になっているのではないかと思います。

ちなみに、年収の頻度分布のような形状をもつ分布を、一般的に**べき分布**と呼びます。べきは累乗（ある値の何乗といった計算）のことですが、べき分布は累乗を使った関数で表現される「べき乗則」というものに従う分布といった意味です。

それは、たとえば「年収が２倍になるとその対象者が３分の１になる」というような関係が年収の水準が変わってもずっと成り立っていくような性質を表します。その結果、年収が４倍の人は９分の１、８倍の人は27分の１という具合に、所得が増えるに従って対象となる人数が減ってはいくものの、なかなかゼロにはならず、結果として桁外れの年収を得る人もそれなりには存在することになるのです。一般的なべき乗則をグラフにすると次ページ**図表2-6**のような形となります。

年収の頻度分布の場合は、一定水準以上の高年収部分にこ

図表2-6　一般的なべき乗則のグラフ

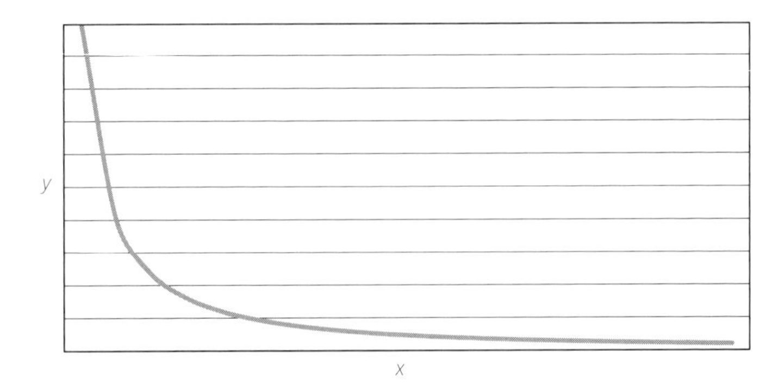

のべき乗則が見られるのですが、このように一部にべき乗則が見られるものも含めて「べき分布」という言い方をすることが多いようです。

SECTION 2-6

用語や計算方法のまとめと補足

【分散】

分散（variance）は、確率変数の各値と期待値のずれ（偏差）の二乗の期待値です。ヒストリカルデータなどから計算する場合は、

$$\sigma^2=\frac{1}{n}\sum_{i=1}^{n}(x_i-\bar{x})^2$$

σ^2　標本分散

n　データ個数

$\bar{x}$　標本平均

と定義されます[*8]。これを標本における分散ということで標本分散と呼びます。エクセルでは、

＝VAR.P（x_iのデータ系列）

で計算できます。

＊8　σ（シグマ）の二乗は本来母分散を表すのに使われる記号ですが、本書では標本分散も含めてσで表します。

ちなみに、本当に知りたいのは標本における分散よりも、母集団の分散（母分散）の推定値であることが多いでしょう。その場合、標本分散には母分散よりも小さな値になる傾向があり、標本分散を母分散の推定値として扱うのには多少の問題が生じる場合があります。それを調整したものが不偏分散といわれるもので、次の式で定義されます。

$$\sigma^2 = \frac{1}{n-1}\sum_{i=1}^{n}(x_i - \bar{x})^2$$

エクセルでは、

=VAR.S（x_iのデータ系列）

で計算します。

何が変わったかというと、nではなく$n-1$で割っているところです。これは、偏差の計算のなかで、母分散を推定したいなら本来は母平均を使うべきところを、母平均がわからないので標本平均で代用していることによるものです。

たとえば、サンプル数が3の標本を考えます。その標本平均は、

$$\frac{1}{3} \times (x_1 + x_2 + x_3) = \bar{x}$$

で求められます。x_1とx_2がランダムに選ばれた後のことを考えると、次のx_3と$\bar{x}$は相互に依存関係があります。$\bar{x}$は、

x_3の値が決まるとその方向に引きずられて動いてしまうので、x_3と$\overline{x}$の偏差はその分必ず小さく計算されてしまうのです。本来の母平均相手なら、そうしたことは起こらないはずですね。

あるいは、x_3は、本来は自由に値を選べるはずなのに、標本平均が$\overline{x}$であることを前提にすれば、他のデータとの平均が$\overline{x}$になるような値しか取ることができないので、自由に選ばれているわけではないと考えることもできます。こうした最後のデータと標本平均の依存関係によって、標本平均を使って計算した標本分散の期待値は、母分散よりも小さくなってしまうのです。

そこで、偏差の二乗をたんにデータの数で割るのではなく、自由に動くことができるデータ（この場合はx_1とx_2の２つ）の数で割ります。つまり、不偏分散は、限られた数の標本を使って母分散を推定するときに用いる計算式となります。

もっとも、このあたりは実務のうえではあまり気にする必要はないでしょう。先ほどの事例では１年分の日次データを使って計算しましたが、データの数は250個ほどになります。このように、実務で取り扱うデータの数はかなり大きくなるのが普通で、そうであれば、nで割ろうが$n-1$で割ろうが、たいした差は生じないからです。

【標準偏差】

標準偏差（standard deviation）は、分散の平方根で、「期待値からの偏差の標準的な大きさ」を表します。定義式は以下のとおりです。

（標本標準偏差）

$$\sigma=\sqrt{\frac{1}{n}\sum_{i=1}^{n}(x_i-\overline{x})^2}$$

（不偏標準偏差）

$$\sigma=\sqrt{\frac{1}{n-1}\sum_{i=1}^{n}(x_i-\overline{x})^2}$$

エクセルでは、標本標準偏差は、

=STDEV.P（x_1のデータ系列）

不偏標準偏差は、

=STDEV.S（x_1のデータ系列）

で計算できます。もちろん、標本分散、不偏分散をそれぞれ「＝SQRT（分散の値）」などで平方根にすることでも同じ値が得られます。

なお、価格変化率の標準偏差であるボラティリティは本来、定義どおりに、あくまでも「価格変化率の期待値に対するずれの大きさ」を示すものですが、比較的短期間の市場変動を取り扱う場合、価格変化率の期待値はかなり小さい値になると考えられるので、それをゼロと考えて、ボラティリティを「価格上昇率または価格下落率の標準的な大きさ」として扱うことが少なくありません。

【確率変数の代表値】

確率変数を代表する値としては、本文で触れた「期待値」「中央値」の他にも「最頻値（モード）」というものがあります。最頻値は、確率分布や頻度分布で最も出現確率・頻度が高い値のことです。つまり、分布のピークとなる値ですが、ピークが複数あるような分布だと値を特定することができません。

【ヒストリカル・ボラティリティとインプライド・ボラティリティ】

ボラティリティには、過去のデータから計算したヒストリカル・ボラティリティの他に、インプライド・ボラティリティと呼ばれる将来の予想ボラティリティがあります。

デリバティブの重要分野のひとつであるオプション取引は、権利を売買する取引です。どのような権利かというと、たとえば何らかの資産をあらかじめ決めた価格で買ったり売ったりする権利を売買するのです。そのオプションの価格を決定するには、いまからオプションの満期（権利を行使できる期日）がくるまでのあいだに対象となる資産の価格変動の大きさがどのくらいになるか、すなわち将来の予想ボラティリティが必要になります。

各種のオプション市場では、トレーダーたちが将来のボラティリティを予想し合いながら取引を行なっていて、結果的に一定の予想ボラティリティのもとで計算された価格で取引が成立します。この市場でのオプション取引価格の裏にある予想ボラティリティがインプライド・ボラティリティです。

その値は、将来のボラティリティについての市場参加者の平均的な予想を反映したものと考えることができます。

【べき乗則】

べき乗則は一般的に、

$$f(x) = ax^{-k}$$

といった関数で表されます。先ほど例に挙げた「年収が２倍になるとその対象者が３分の１になる」場合だと、xが年収のレベル、$f(x)$は年収がxレベルである世帯の数となり、$-k$の部分が$log_2 \frac{1}{3}$（≒－1.585）になります（aはここにある情報だけでは特定できません）。

べき乗則は、所得、保有資産額、企業規模などの社会的、経済的な分布に多く現れますが、地震の規模、砕け散った隕石の破片の大きさなど、自然現象でもよく見られる分布です。

COLUMN

ファイナンス理論を切り開いた“酔っ払いの千鳥足”

本文でも少し触れましたが、市場価格の変動をランダムな動きの積み重ねとして捉える考え方をランダムウォーク理論といいます。ランダムウォークは、日本語だとよく“酔っ払いの千鳥足”にたとえられます。あっちにふらふら、こっちにふらふらと進み、最終的にどこにいくかわからないような動き方のことです。

そして、このランダムウォークの行き着く場所は、次章で詳しく見ていく正規分布によって表されることになります。

それだけで市場価格変動のすべてを説明できるわけでは必ずしもないのですが、現代のファイナンス理論はこのランダムウォーク理論をベースに発展してきました。

ランダムウォーク理論はもともと物理学で発展してきた理論ですが、その生みの親とされるのが、かの天才物理学者アルベルト・アインシュタイン（1879－1955）です。

19世紀に植物学者ロバート・ブラウン（1773－1858）が、水中で微粒子が不規則な動きをするブラウン運動を発見しましたが、この現象は長くその理由がわからずに謎の現象とされてきました。アインシュタインは1905年に、このブラウン運動が目に見えない水分子によるランダムな衝突によって引き起こされる現象と考えて理論化したのです。当時、分子や原子の存在は、考えられてはいたものの確認されておらず、アインシュタインのこの理論がその存在を証明する根拠のひとつとなりました。

現代のファイナンス理論では、アインシュタインが理論化したこのブラウン運動と同じもの（ウィーナー過程ともいう）が、ごく当たり前のものとして取り入れられています。したがって、ファイナンス理論の専門書を開けば、とくに説明もなくブラウン運動があちこちに登場するのを目にすることになるはずです。

ちなみに、現代のファイナンス理論の出発点とされるのが、1952年にシカゴ大学院生だったハリー・マーコウィッツ（1927－2023）が発表した「ポートフォリオ選択」という論文です。この論文を出発点として多くの研究者が加わって構築されたのが現代ポートフォリオ理論（MPT、Modern Portfolio Theory）というもので、ファイナンス理論の大きな柱のひとつとなっています。そこで使われている確率統計論の一部は本書の第4章で取り扱いますが、簡単にいえばMPTは、ランダムウォーク理論とその帰結である正規分布を前提として、投資ポートフォリオのリスクとリターンのバランスを最適化しようとする理論です。

ただし、いまではマーコウィッツよりもはるか前に、ファイナンス理論の扉を一度開きかけた人物がいたことがわかっています。フランスの不遇の数学者、ルイ・バシュリエ（1870 − 1946）です。1900年に書かれた彼の博士論文「投機の理論」は、市場価格の変動をまさにランダムウォークとして捉えることによって、確率論的にその変動を捉えることができることを示しました。

ところが当時、金融市場は学問探究の対象としてふさわしくないと考えられていたため、この論文は高評価を受けず、やがて忘れられてしまったのです。ちなみに彼の論文の発表は、ランダムウォーク理論の生みの親とされるアインシュタインの論文より５年も早いものでした。それは、あまりに早すぎたのかもしれません。

バシュリエの存在と業績が再評価されるようになったのは、はるか後年、マーコウィッツらがファイナンス理論の扉を本格的に開いた後のことです。まったくもって不遇としかいいようがありませんが、いまではファイナンス理論の先駆者としてその名が知られるようになっています。たとえば、複雑な金融商品であるオプションの価格計算モデルとしては対数正規分布というやや特殊な正規分布を仮定するブラック＝ショールズ・モデルが有名ですが、（対数ではない普通の）正規分布を仮定するモデルは彼の名を冠してバシュリエ・モデル（またはノーマル・モデル）と呼ばれています。

PROBABILITY & STATISTICS

第3章

正規分布とその確率計算

金融実務では、正規分布を仮定した確率計算が
随所で行なわれている。
正規分布とは何か。
そして、それがなぜ実務で頻繁に
用いられるのか?

SECTION 3-1
ランダムな動きが続くと現れる正規分布 ～中心極限定理

金融実務では至る所で**正規分布**を仮定した確率計算が行なわれています。まずは、この正規分布がいかなるものかというところから見ていきましょう。

正規分布は、**図表3-1**のような形をした確率分布です。前章に出てきた何回かサイコロを振って平均を取ることを繰り返していったときの平均値の確率分布は、平均を計算するためにサイコロを振る回数をどんどん増やしていくと、正規分布に近づいていくことが知られています。前章では３回振っ

図表3-1　正規分布

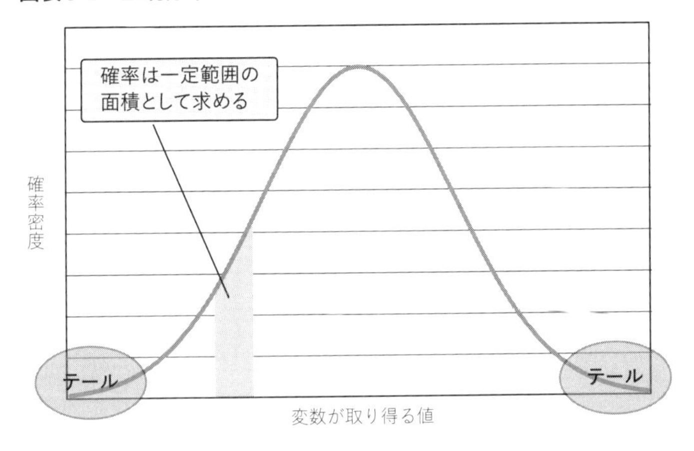

て平均を取ったときの平均値の確率分布が51ページ図表2-3③で示されましたが、すでに正規分布に似た形状となっています。このサイコロを振る回数をさらに増やすと、さらに正規分布に近づいていくのです。

サイコロの目が出る確率は、もともとは一様分布といわれる横一線の確率分布でした。ですが、それを何回も積み重ねた結果はなぜか正規分布になっているというわけです。

コイン投げでも一緒です。コイン投げは1回の試行で表か裏のどちらかの結果が出ます。確率は2分の1ずつと考えていいでしょう。これも一様分布ですね。これを何回か行なって、表が出ればプラス1点、裏が出ればマイナス1点として、合計値を求めます。コインを投げる回数を増やしていくと、やはりその合計値の確率分布は正規分布に近づいていきます。合計値をコイン投げの回数で割った平均値でももちろん同じことです。

つまり、元の確率分布が正規分布ではないものでも、ランダムな試行を積み重ねていった結果の和や平均といった値の分布は、試行回数を増やすにつれて正規分布に近づいていくのです。これが、「**中心極限定理**」と呼ばれる確率統計論の重要定理です。

中心極限定理は、厳密にいうと2つの内容からなり、「(どんなものであれ) 母集団からランダムに抽出した標本の平均の分布は、標本のサイズを大きくすると正規分布に近づく」ことに加え、「標本のサイズを大きくすればするほど、その正規分布の標準偏差が小さくなっていく」というものです。

大数の法則と似ていますが、少し視点が異なります。大数の法則は、標本のサイズを大きくすることで標本平均が母平均に近づいていくことを表現しているのに対して、中心極限定理は、標本平均と母平均のずれに焦点を当て、そのずれの分布が正規分布に近づき、かつ次第にその標準偏差が小さくなることを表しています。

第1章で登場させた神様を再び登場させましょう。第1章では、各年の株価変動率を神様が札を引くことで決めていました。もう少し現実的なイメージに近づけると、神様はもっと頻繁に、たとえば毎日、あるいは瞬間ごとに株価変動率の札を引き続けていると考えることができます。

1日の株価変動は、神様が瞬間ごとの株価変動率の母集団からランダムに引いた値の累積効果によって実現するものですから、要するに十分に大きなサイズの標本の合計値によって決まると考えることができます。そうであれば、中心極限定理により1日あたりの株価変動率は正規分布に近い形になるはずです。

ということは、1年あたりの株価変動率は1年というさらに大きな標本の積み重ねであり、その分布は正規分布により近づいていくはずです。

このように、母集団がどんなものであっても[*9]、大きなサ

＊9　厳密にいえば、中心極限定理には、大数の法則と同様、独立同一分布というものが仮定されています。また、実際の値がわからないとしても、原理的に母平均や母分散が存在することが必要です。

イズの標本平均と考えられるものを扱う場合は正規分布として扱ってもよい、という中心極限定理によって、正規分布は確率統計論において特別な存在意義を持つものとなっているのです。

ただし、中心極限定理が働くためには、ランダムな試行の積み重ねが必要です。たとえば前章で見た身長の分布は、正規分布に非常に近い形をしています。このようなものは他にも様々にあるのですが、なぜ身長は正規分布に従うのでしょうか。それは、身長の差が、おそらくは遺伝的な変異などランダムな要因の積み重ねによって大きな影響を受けているであろうことを反映しています。

ランダムな動きの積み重ねは正規分布を導き、逆に正規分布にはその背後にランダムな動きの積み重ねがあるということです。

実は、株価などの市場価格変動を正規分布として扱うことには落とし穴もあるのですが、その点については最終章で取り上げます。まずは、市場価格変動を正規分布として扱うことでいろいろな計算が可能になるので、その話をしていきましょう。

SECTION 3-2
正規分布の特徴

正規分布にはいくつもの特徴があります。

まず、正規分布は連続型の確率分布です。たとえばサイコロを振る場合、出る目は1から6までの6つの値しかありません。このように、確率変数の値が飛び飛びになっている場合の確率分布を離散型確率分布と呼びます。

次に、サイコロを複数回振って平均を取ることを考え、(現実には無理ですが) 試行回数を無限大にすると、平均値はどんなに細かい値も取れるようになり、飛び飛びがなくなって1本のなめらかな線で確率分布を表現できるようになります。それが連続型確率分布です。

連続型確率分布では、特定の値を取る確率が何%かということは計算できません。他に取り得る値が無数にあるからです。したがって、68ページ図表3-1の縦軸で示される確率の大きさは、何%という一般的な確率ではなく、**確率密度**と呼ばれるものになります。もっとも確率密度は、何%という形で表されるものではないとしても、確率の大きさを表すものであることには違いありません。

この確率密度から一般的な何%という形の確率を計算するためには、確率変数の範囲を特定し、たとえば図表3-1の薄いグレーで塗った部分などの面積を求める必要があります。

数学的にいえば確率分布の曲線（確率密度曲線）を一定範囲で積分する、ということになります。

さて、以上のことを前提として、正規分布のさらに特徴的な点をいくつか挙げると、まず左右対称の確率分布になっている点が挙げられます。そうすると確率分布のちょうど真ん中のところが平均値（＝期待値）となるのですが、各値の平均からのずれは、右方向にも左方向にも同じような割合で発生することになります。

次に、確率の大きさは、真ん中の平均のところで最も高くなっていて、そこから外れた値を取る確率は、その外れ方が大きくなるに従ってどんどん小さくなっていきます。その結果、確率密度曲線は山のような形になります。山のような形と書きましたが、正規分布の確率密度曲線は一般に釣り鐘型曲線（ベルカーブ）と呼ばれています。確率分布の両端の部分は、期待値から大きく外れた値が出現する確率を表すところですが、山の裾というイメージで“裾”と呼ばれます。英語では尻尾という意味の“テール”です。

また正規分布は、その研究を行なった数学者カール・フリードリッヒ・ガウスにちなんでガウス分布と呼ばれることもあります。

正規分布の便利な点は、正規分布に従って変動する確率変数を複数足し合わせた集合体の合計値や平均値も、やはり正規分布に従うという点です。たとえば、各銘柄の株価変動率が正規分布に従うならば、多数の銘柄を組み合わせた株式ポートフォリオの価値変動もまた正規分布に従うことになります。

　複数を組み合わせても分布の性質が変わらないので、複数の変数を同時に扱う場合にも正規分布の仮定は大変便利なものになります。

SECTION **3-3**

正規分布の確率計算

正規分布を実務で使う大きなメリットとして、確率計算が簡単に行なえるという点も挙げられるでしょう。

正規分布には様々なものが考えられますが、その分布を決めるパラメータは、真ん中の位置を決める期待値と、分布の左右の広がり具合を決める分散か標準偏差だけで、その２つを指定すれば分布が特定されます。言い換えると、異なる正規分布はそれぞれ期待値と分散／標準偏差の大きさが異なるとしても、形としてはまったく同じ形をしているのです。

次㌻**図表3-2**①は、期待値10000、標準偏差100の正規分布で、②は期待値ゼロ、標準偏差１の正規分布です。目盛のスケールをうまく合わせると、どちらもまったく同じ形となります。ですから、たとえば①の正規分布で変数の値が9900以下になる確率と、②の正規分布で変数の値が－１以下になる確率はまったく同じです。

ということは、②のようなシンプルな正規分布の上で行なった確率計算は、スケールを調整するだけですべての正規分布に当てはめることができるようになります。

ちなみに、②の期待値ゼロ、標準偏差１の正規分布は**標準正規分布**と呼ばれています。ある正規分布を標準正規分布に置き換えることは簡単にできるのですが、これを標準化と呼

図表3-2　正規分布の形はすべて同じ

①平均=10,000、標準偏差=100の正規分布

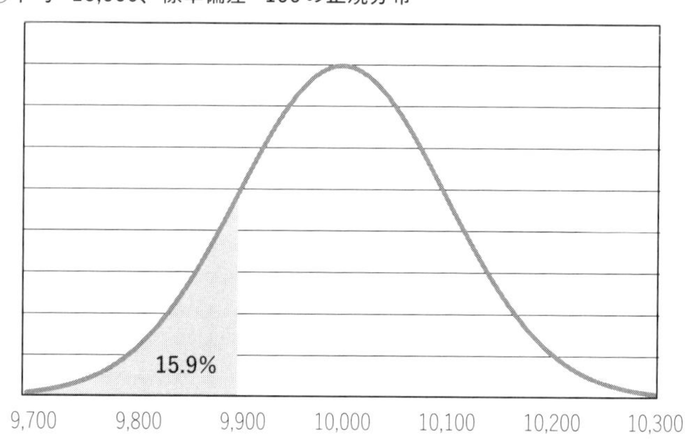

②平均=0、標準偏差=1の正規分布（標準正規分布）

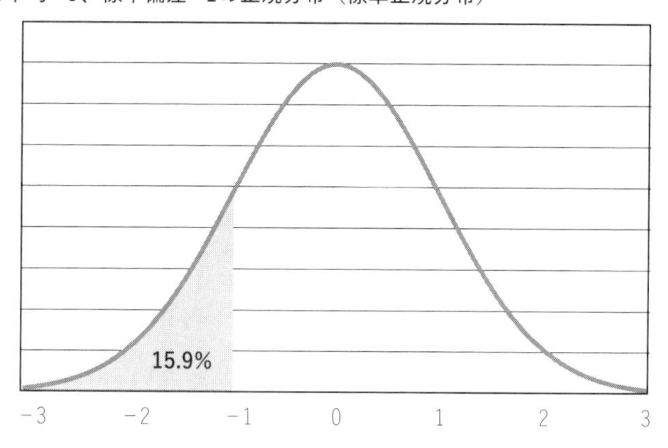

んでいます。たとえば、期待値μ（“ミュー”と読む)、標準偏差σ（“シグマ”と読む）の正規分布に従うXという確率変数があるとします。ここで、

$$Z = \frac{X - \mu}{\sigma}$$

と計算すると、Zは標準正規分布に従う確率変数となるのです。この値は**Z（ゼット）スコア**という名称で呼ばれています。要するに、変数の各値が期待値から何標準偏差分離れているかを計算したもので、これで標準正規分布への置き換えが可能になります。

その標準正規分布における確率計算をするために、標準正規分布の**累積分布関数**[*10]と呼ばれるものが用意されています。$N(x)$ というような記号で表されることが多いのですが、これは「標準正規分布上で、変数がx以下の値を取る確率がどのくらいか」を計算してくれるものです。

たとえば$N(0)$ とすると、標準正規分布上でゼロ以下となる確率を計算してくれて、答えは0.5（50%）となります。これは、すべての正規分布上で期待値以下の値を取る確率と同じです。

$N(-1)$ とすれば、標準正規分布上で－1以下となる確率を計算してくれて、答えは0.159（15.9%）となります。これは、すべての正規分布上で、「期待値－1×標準偏差」の値以下となる確率と同じです。ですから、図表3-2①の正規分布上で、9900（＝期待値－1×標準偏差）以下の値が出現する確率も15.9%であることがわかります。

＊10　たんに分布関数と呼ぶ場合もあります。

さらに、9800（＝期待値－２×標準偏差）から9900の範囲に収まる確率は、「期待値－１×標準偏差」の値以下となる確率から「期待値－２×標準偏差」の値以下となる確率を引いたものに他なりませんから、標準正規分布に置き換えて、

$$N(-1)-N(-2)$$

という形で計算できます。

累積分布関数は、ある値以下となる確率を計算するものですが、これを使ってある値以上となる確率も簡単に求めることができます。

たとえば、標準正規分布上で＋0.5以上になる確率を求めてみましょう。全体の確率は当然１（100％）で、そこから＋0.5以下になる確率$N(0.5)$を引けばよいのです[*11]。また、正規分布は左右対称ですから、＋0.5以上になる確率は、プラスマイナスを反転させて－0.5以下になる確率と同じになります。したがって、標準正規分布上でx以上になる確率は、

$$1-N(x) \quad \text{または} \quad N(-x)$$

で計算できます。

＊11　全体から0.5以下になる確率を引くと0.5超になる確率が計算されることになると思われるかもしれませんが、連続型確率分布の場合は以上と超（あるいは以下と未満）の区別が明確に付けられないので、このような言い方が可能となります。

ここで、前章で取り上げた身長の分布を再び見てみましょう。平均170.6センチ、標準偏差5.9センチから、164.7～176.5が平均プラスマイナス標準偏差の範囲ということでした。正規分布では、この範囲に収まる確率は、$N(1)-N(-1)$で68.3％と計算できます。身長が平均よりも標準偏差の2倍以上高くなる（182.4センチ以上の）確率は、$1-N(2)$または$N(-2)$で計算できて2.3％です。実際の比率も、これとほぼ同じでしたので、身長の分布は正規分布に非常に近いということがわかります。

SECTION 3-4

信頼水準と信頼区間

観測されたデータがどのくらいありきたりなものか、あるいはどのくらい異例なものかを判定したり、将来発生する値を予測するときにどのくらいの確度で予測したいかということを表したりするのに、平均から±n×標準偏差の範囲というものを設定することがよくあります。

n = 1のケースは先ほど出てきましたが、この範囲（平均±1×標準偏差）にデータが収まる確率は68.3%ということでした。したがって、ここから外れる確率は31.7%です。ざっくりといえば、この範囲に収まるデータはごく普通に発生する標準的なものと評価できますが、この範囲で将来の予想を立てると外れる可能性が結構あるという感じになります。

ちなみに、標準偏差はσという記号で表されることが多く、そのままシグマという言い方で標準偏差を意味することができます。たとえば「1シグマ」といえば1×標準偏差を意味し、いまの平均±1×標準偏差は1シグマの範囲と表現できます。

ここでnを増やしていくと、nシグマの範囲に収まる確率は、

平均±2×標準偏差に収まる確率（2シグマの範囲）

……95.4%

平均±３×標準偏差に収まる確率（３シグマの範囲）
……99.7％

となります。

したがって、正規分布では観測値や予測値のかなりの部分が２シグマの範囲に収まることになり、そこから外れる確率は５％未満に抑えられます。そして、ほとんどの観測値や予測値が３シグマの範囲に収まり、そこから外れる確率はわずか0.3％に過ぎません。

このような一定の範囲に観測値や予測値が収まる確率の水準のことを**信頼水準**、その値の範囲のことを**信頼区間**といいます[*12]。つまり正規分布では、２シグマの範囲の信頼水準は95.4％で、逆に信頼水準95.4％の信頼区間は２シグマの範囲ということになります。

ここでいっている95.4％の信頼区間は平均を中心として左右対称に設定された範囲で、身長の場合でいうと、その範囲を外れて身長が低いケースと高いケースの両端の2.3％ずつ、合わせて4.6％分を除外した区間です。

そうではなく、どちらか片側だけを除外した区間を考えることもできます。たとえば、先ほど出てきた身長が２シグマ

＊12　一般に、信頼水準は一定範囲に母平均が含まれる確率と定義されることが多いのですが、実務上は細かい定義をあまり気にする必要はなく、本文の説明のとおりに理解してもらえば問題はありません。なお、信頼水準と信頼区間は同じ意味合いの言葉として、あまり区別せずに使われることもあります。

以上高い（182.4cm以上の）人は2.3%、というのはこの片側だけを計算したものです。言い換えると182.4cm以下の人（平均プラス2シグマ以下の人）は97.7%ですが、これを「片側2シグマの信頼水準（片側信頼水準）は97.7%」というふうに表現します。

この話は最後の章で再び出てきますが、ここでは同じシグマを使った区間設定でも、両側を除外するのか、片側だけ除外するのかで信頼水準が変わるということを頭に入れておいてください。

ちなみに、生産管理の世界では「シックスシグマ」という有名な指標があります。これは、不良品の発生を100万回中の3.4個以内に抑えることを目指す生産改善のことです。

なぜ不良品ゼロを目標にしないかというと、それは現実的ではないからです。現実的ではない目標を立てても実際の改善にはつながりません。そこで、不良品を可能な限り削減するための目標として先ほどの数値目標を設定します。もちろん正規分布でシックスシグマを外れる*13のはきわめて希なことですから、これを実現すれば、ほぼ不良品をなくしたと十分にいえるものになるでしょう。

＊13　シックスシグマでは、1.5シグマ相当の母平均の長期変動が考慮されており、「100万回中の3.4個以内」という数値は、実際には片側のみで4.5シグマを外れる確率として計算されています。

SECTION 3-5
実例……株価変動を正規分布として描くと

それでは、ここまでの知識をもとに、株価変動率を正規分布に従うものとみなすことによって、どのような計算が可能になるかを見ていきましょう。

まず、なぜそう仮定することができるのかというと、すでに述べたことですが、株価の変動がランダムな動きの積み重ねであるランダムウォークの結果として現れるものならば、中心極限定理により、その分布は正規分布に近いものになるはずだからです。細かい点はさておくと、実際の株価変動率の頻度分布も多くの場合、正規分布にある程度は似た形状となっています。

したがって、株価変動率が正規分布に従うと仮定することには一応の理論的根拠があり、さらに正規分布を仮定することで確率計算が容易にできるというメリットもあります。

前章で取り上げた事例では、2023年の日経平均株価の1日あたりの変動率は、期待値+0.106%*14、標準偏差（日次ボラティリティ）1.010%でした。それらの値をもとに、1日あたりの株価変動率の分布を正規分布であるとして描くと、

＊14 期待値については第1章で見たようにもっと長い期間で計算するのが適切ですが、ここでは2023年1年間のデータをそのまま使うことにします。

図表3-3①のようになります。

日経平均に連動するポートフォリオを保有しているとすると、日経平均の変動率がマイナスになったときに損失が発生します。上記の正規分布で、損益分岐点となる変動率ゼロのポイントが平均から何標準偏差分離れたところに位置してい

図表3-3　正規分布の形はすべて同じ

①正規分布を仮定した1日あたり株価変動率の分布

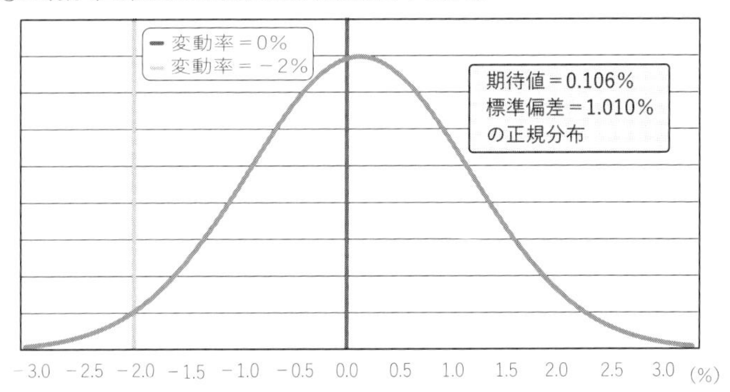

②ボラティリティが大きくなると…

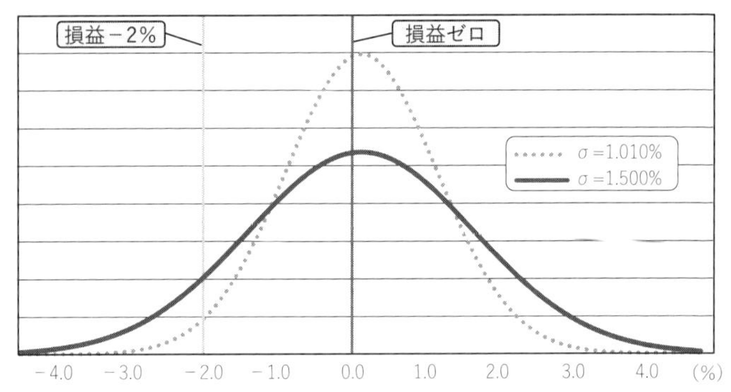

るかを測るためにＺスコアを計算すると、

$$\frac{0\% - 0.106\%}{1.010\%} = -0.105$$

となるので、変動率がこの点以下になる確率は$N(-0.105)$で計算でき、45.8%となります。これが１日あたりで損失が発生する確率です。

同じようにして、たとえばポートフォリオ時価評価額の２%以上の損失が発生する確率は、株価変動率マイナス２％のＺスコアを計算して、

$$\frac{-2\% - 0.106\%}{1.010\%} = -2.085$$

となり、変動率がそれ以下になる確率は$N(-2.085)$ですから、1.9%と計算できます。これが１日あたりで２％以上の損失が発生する確率です。

このように、正規分布を仮定することで、どのくらいの損失がどのくらいの確率で生じるかが計算できるようになるのです。もちろん、こうした計算はどのくらいの確率でどのくらいの利益が得られるかという計算にも用いることができます。

ここで、日次ボラティリティの大きさが変わるとどうなるかを見てみましょう。期待値は同じで、日次ボラティリティが1.010%のものと1.500%のものを比較したのが図表3-3②です。

日次ボラティリティが1.5％の正規分布をもとに損失が発生する確率を計算してみると47.2％、２％以上の損失が発生する確率は8.0％です。ボラティリティが大きくなることで損失が発生する確率が増え、とりわけ大きな損失が発生する確率が大幅に増えています。これが、ボラティリティの大きさがリスクの大きさを決めるということの具体的なイメージです。

もちろん、ボラティリティは利益と損失の可能性を同時に増大させるものだということでしたから、ボラティリティが大きくなれば、大きな利益を得られる確率も同じように増えていきます。グラフで見ると、左右への広がりが大きくなっていることがわかりますね。

金融業務では、さらにいえば金融に限りませんが、ものごとを確率的に捉えるためにはこのように具体的な数字で利益や損失の確率を把握できることが必要なのです。正規分布の仮定は、そうした目的のために非常に強力な武器になるものといえます。

SECTION 3-6

用語や計算方法のまとめと捕足

【正規分布と標準正規分布、応用としての対数正規分布】

正規分布（normal distribution）の確率密度関数は、数学的にきちんと定義されています。とりあえず覚える必要性は薄いですが、一応の補足として標準正規分布（standard normal distribution）の場合のみ定義式を記すと、

$$f(x)=\frac{1}{\sqrt{2\pi}}e^{-\frac{x^2}{2}}$$

というような式になります。エクセルでは、この値を、

=NORM.S.DIST（xの値,FALSE）

で計算できます。累積分布関数はこれを一定範囲で積分したもので、定義式は、

$$N(z)=\int_{-\infty}^{z}f(x)\,dx$$

です。つまり、標準正規分布上で値がz以下になる確率を計算します。エクセルでは、

=NORM.S.DIST（zの値,TRUE）

です。

ところで、金融実務でよく登場する確率分布に対数正規分布なるものが存在します。対数は以前にも登場しましたね。対数正規分布は、変数が取り得る値、すなわち**図表3-4**①の

図表3-4　対数正規分布

①横軸を対数で表すと…

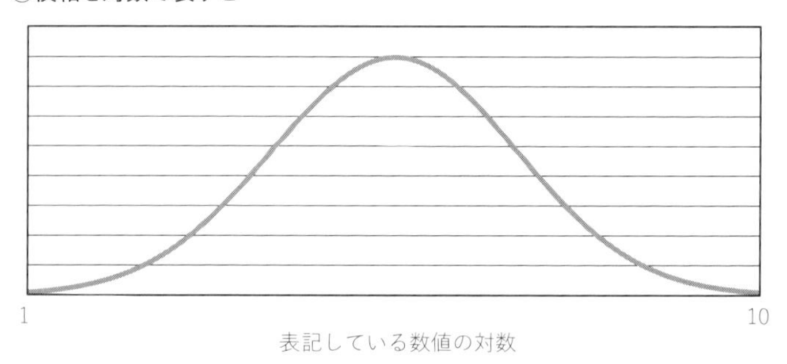

②横軸を実数で表すと…

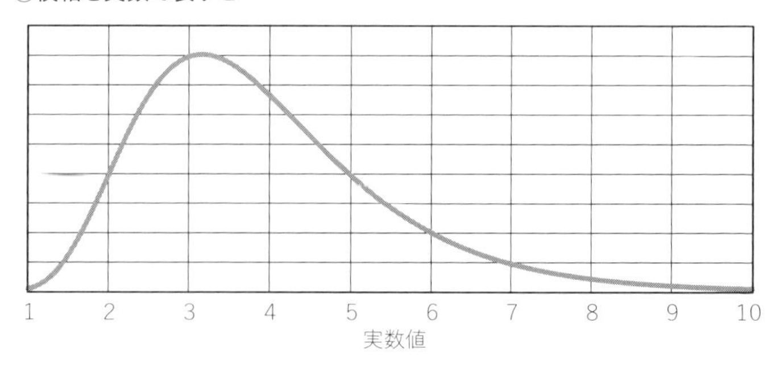

グラフの横軸の数値が対数の値に変換されたときに正規分布の形となるものをいいます。横軸を対数ではなく元の値に戻すと、図表3-4②のように、右側に引き伸ばされた感じの確率分布になります。

この右側に引き伸ばされた部分が前章で登場したべき分布によく似ていて、べき分布の一例とされることもありますが、対数正規分布も正規分布の一種として扱えるものであり、一般的なべき分布とは区別したほうがいいでしょう。

さて、正規分布はランダムな動きの積み重ねでできると述べました。もう少し細かくいうと、そのランダムな動きの変動幅が一定の大きさの標準偏差を持つ場合に正規分布になるのですが、ランダムな動きの変動率が一定の大きさの標準偏差を持つ場合には対数正規分布が出現するのです。

たとえば株価の場合だと、株価の水準によって株価の変動率が変わるべき理由はありませんが、その一方で、株価の水準が上がれば同じ変動率でも変動幅は大きくなりますね。したがって、変動幅の標準偏差が一定と考えるよりも、変動率の標準偏差が一定と考えるほうが現実には合っていそうなのです。そうしたことを反映したものが、対数正規分布というわけです。

ということで、市場価格の変動は対数正規分布に従う、として計算することが金融実務では実際に非常によく行なわれています。オプションの計算モデルでは、有名なブラック＝ショールズ・モデルを始め、市場価格の変動に対数正規分布を仮定しているものが数多くあります。

対数正規分布だと期待値の計算などは少しむずかしくなったりするのですが、単純な確率計算ならば普通の正規分布とまったく同じように行なうことができます。

【中心極限定理】

中心極限定理は、母平均がμ、母分散がσ^2（母標準偏差がσ）のとき、標本サイズnを大きくしていったときの標本平均の分布が、平均μ、分散$\frac{\sigma^2}{n}$（標準偏差$\frac{\sigma}{\sqrt{n}}$）の正規分布に近づいていくことを予想するものです。厳密にいえば独立同一分布の仮定が満たされる場合に成り立ちます。

標本サイズが大きくなるとそれにつれて標本平均の分布の標準偏差が小さくなるので、一つ一つの標本平均と母平均とのずれも小さくなると考えられますが、そのことは標本サイズを大きくしたときに標本平均が母平均に近づくという大数の法則を示唆するものとなります。

COLUMN

正規分布の発見

本文でも触れましたが、正規分布はガウス分布とも呼ばれています。ドイツの偉大な数学者カール・フリードリッヒ・ガウス（1777－1855）にちなんだ呼び方です。

ガウスは、地理的な測量作業の指揮を任されていたときに、その測量誤差が一定の法則に従って分布していることに気がつき、その分析を進めて正規分布にたどり着きました。これはまさに、中心極限定理によって正規分布が出現することを捉えたものに他なりません。現在、実務も含めて多くの場面で使われる正規分布の特性や計算方法などは、このときのガウスの研究に多くを依存しています。

ただし、正規分布の発見者は彼ではありません。フランスに生まれ、その後宗教上の理由からイギリスに亡命した数学者、アブラーム・ド・モアブル（1667－1754）がその人です。

ド・モアブルは、コイン投げのように2つの値がランダムに出るものを繰り返すことによって現れる二項分布といわれる分布が、試行回数を増やしていくと特定の形に収れんすることに気がつきました。それが正規分布だったのです。これも中心極限定理の現れのひとつですね。さらにこの二項分布と正規分布の関係を精緻化して定理として確立したのがピエール＝シモン・ラプラス（1749

－1827）です。

ラプラスは、“ラプラスの悪魔”という有名な思考実験を残しています。われわれ人間には無理だとしても、すべてを知り、すべてを瞬時に計算できる悪魔のような存在がいれば、次に起きることはすべて予測できるはずだ、と考えたのです。この考え方は決定論と呼ばれるものです。もし決定論が正しければ、将来のことはすべて決まっているはずなので、確率も本当には存在しません。ただ人間にはラプラスの悪魔のようなすべての情報や完全な計算能力がないがゆえに将来のことを正確に知り得ず、そこに確率が生まれることになります。つまり、確率は見かけ上のものに過ぎないということです。

こうした考え方は、量子力学やカオス理論の登場で現在では必ずしも成り立たないとされるようになりました。いずれにしてもこのような決定論を提唱したラプラスが、確率論の発展に多大な貢献をしたというのは実に興味深い話です。

ちなみに、多くの先駆者が少しずつ解き明かしてきた中心極限定理を明確に見出したのもラプラスといわれています。また、先ほどの二項分布の繰り返しが正規分布に近づいていくという法則も、発見者のド・モアブルとともにラプラスの名も冠して“ド・モアブル＝ラプラスの定理”と呼ばれています。

この法則は、実際に金融実務でも使われています。たとえば、株価などの市場価格が一定の幅で上昇・下落の分岐を繰り返すと仮定します。現実の株価の動きはもっと複雑ですが、単純な二股分岐を何度も繰り返すと、その価格の分布は中心極限定理によって、正規分布に近づいていきます。つまり、正規分布を形成する複雑なランダムウォークを、二股分岐の積み重ねで近似できるのです。

こうした計算モデルは二項モデルといわれていて、オプションの価格計算などに使われています。学問上の定理とか法則が、実は実社会でも大いに活用されていることの好例のひとつといってもいいでしょう。

ちなみに、正規分布の発見者とされるド・モアブルは、ニュートンらとも親交があり、三角関数などでも大きな功績を残した人物ですが、その晩年は必ずしも恵まれたものではありませんでした。貧しい生活のなかで、少しずつ睡眠時間が延びるという奇病にかかったのです。そして、真偽のほどは定かではありませんが、このままいけば睡眠時間が24時間となって二度と起きられなくなる日を彼自身が計算して予測したとおりの日に、ずっと眠り続けたまま死に至ったという不思議なエピソードが残されています。

PROBABILITY & STATISTICS

第4章

分散効果と相関係数

金融の実務では、複数の変動要素が含まれた
ポートフォリオのリスクを測ることが求められる。
では、多数の確率変数を組み合わせたとき、
その組み合わせた集合体の変動率は
どのようなものになるのか?

SECTION **4-1**

ポートフォリオの価値変動

昔からの投資格言に、「すべての卵を同じかごに入れてはいけない」というものがあります。そのかごを落としてしまったら、卵がすべて割れてしまうからです。卵を入れるかごをいくつかに分けておけば、そのうちの1つを落としてしまっても、壊滅的な被害を免れることができます。この格言は、大きな損失を避けるために投資対象を分散することが大切であることを説いたものです。

1952年、この分散投資の知恵を、シカゴ大学の大学院生であったハリー・マーコウィッツがエレガントな数学を使って見事に定式化しました。こうして確立されたのが**現代ポートフォリオ理論**、MPT（Modern Portfolio Theory）です。

ポートフォリオとは、投資運用資金の資産構成、あるいは銘柄構成のことです。要するに、投資運用資金をどのような対象に振り分けているかを示すものです。転じて、何らかの資産に投じられている投資運用資金自体を指す言葉としても使われます。金融業務においては、きわめて頻繁に使われる用語です。

ポートフォリオは基本的に複数の変動要因を含むものですから、ここで問題になってくるのは、確率変数を複数組み合わせたときに、その集合体がどのように振る舞うかということです。単純に構成要素を足し合わせたものと考えてよいのでしょうか。

まずは、ポートフォリオのリターン（収益率）について考えましょう。

単純なケースを想定して、トヨタ株とソニー株の二つの銘柄に50%／50%で投資することを考えます。トヨタの株価が10%上昇し、同時にソニーの株価が15%上昇したら、ポートフォリオの価値はどれだけ増加するでしょうか。

これは簡単ですね。トヨタ株に振り向けた50%部分で10%のリターンがあり、ソニー株に振り向けた残りの50%部分で15%のリターンがあるのですから、全体では12.5%（＝50%×10%＋50%×15%）のリターンになります。

もちろんこの関係は、将来の期待リターンについても成り立ちます。つまり、ポートフォリオのリターンは、実績リターンでも期待リターンでも、ポートフォリオの構成要素のリターンを投資比率に応じて加重平均したものになります。

別の言い方をすると、同じくらいの期待リターンを持つ銘柄に分散投資をしていった場合に、いくら分散投資をしてもポートフォリオの期待リターンは決して薄まったりしないということです。

ところが、リスクのほうはそうではありません。リスクは、リターンのバラツキであり、ボラティリティによってその大きさが決まるということでした。仮にトヨタ株のボラティリティが20%、ソニー株のボラティリティが30%だとして、両銘柄に50%／50%で投資したポートフォリオの価値変動のボラティリティは平均の25％になるかというと、そうはならないのです。
それは、トヨタ株とソニー株では価格の動き方が異なり、たとえば片方が値下がりしたときにもう片方が上昇して損失を穴埋めしてくれるようなことも生じうるからです。
つまり、異なる動きをする２つの確率変数には、それぞれの変動を打ち消し合う動き方をする可能性があり、そのため２つを組み合わせた集合体の標準偏差は、それぞれの標準偏差の平均値よりも小さくなるということです。先ほどのトヨタ50％／ソニー50％のポートフォリオの場合も、ポートフォリオとしてのボラティリティは25％よりも小さな値になります。ボラティリティはリスクの大きさを示す指標ですから、その分リスクが小さくなっているのです。このように分散投資によってリスクが小さくなるのが**分散効果**といわれるものです。
ここでは、構成要素が２つというきわめて単純なケースを考えていますが、一般的に構成要素が増えれば増えるほど、分散効果は大きくなります。
では、構成要素の数以外に、分散効果の大きさを決める要因は何でしょうか。
複数の確率変数がバラバラに動くことによってお互いの動きが打ち消されるのですから、そのバラバラに動く度合いが大きければ分散効果も大きくなると考えられます。
バラバラに動く度合いは、連動して動く度合いの裏返しです。つまり、連動して動く度合いが低いものを組み合わせれば、分散効果は大きくなります。ここで、2つの変数が連動して動く度合いを計算したものが**相関係数**といわれるものです。

相関係数は、－1から＋1までの値を取ります。相関係数がプラスなら2つの変数は同じ方向に連動して動くことが多く、相関係数がマイナスなら逆方向に動くことが多いことを示します。そして、相関係数が＋1というのは2つの変数が完全に連動して動くことを意味し、逆に相関係数が－1なら完全な逆連動です。相関係数がゼロだと、両者が同じ方向に動くことも逆方向に動くことも同じくらいに発生するイメージとなります。

株価の場合、2つの銘柄の価格が完全に連動したり逆連動したりすることは考えられないでしょうから、相関係数は－1と＋1のあいだのどこかの値を取ります。この相関係数が低いほど、分散効果は大きくなるのです。一般に、逆連動しやすい銘柄を見つけることはそれほど簡単なことではないので、たとえば業種や業態が異なっていて、株価が概ね無関係に動いているように見えるもの、つまりは相関係数がゼロに近いものを組み合わせていくことで分散効果を大きくしていく、というのが現実的な考え方でしょう。

SECTION 4-2
ポートフォリオのボラティリティはどのように計算するか

さて、具体的に複数銘柄を組み合わせたポートフォリオの価値変動のボラティリティを計算するにはどのようにすればいいでしょうか。

そのことを考えるために、銘柄Xと銘柄Yに1対1の比率で投資したポートフォリオを考えます。銘柄Xは、過去のデータによればx_1、x_2………、x_nという変動率を記録したとします。銘柄Yは、同じ期間でy_1、y_2………、y_nの変動率です。ポートフォリオのリターンは、構成要素のリターンを構成比率で加重平均した値になるということでしたが、ここでは銘柄Xに1、銘柄Yに1を投資している前提なので、単純に足し合わせて$x_1 + y_1$、$x_2 + y_2$………、$x_n + y_n$といった値を取ると考えます[*15]。ここまでは先ほどのリターンの話そのままですが、ここで調べたいのは、ポートフォリオのリターンのブレの大きさ、つまりこれら組み合わせ変数$x_i + y_i$の標準偏差の大きさです。

ここからが少し面倒なところなのですが、標準偏差は分散の平方根なので、標準偏差を計算するためにはまず分散から計算を始めなければなりません。

＊15 本来は平均を取るべきですが、話の本筋は変わりません。

分散は平均からの偏差の二乗の平均でした。ここで、x_iの平均を$\overline{x}$、y_iの平均を$\overline{y}$とすれば、$x_i + y_i$の平均は$\overline{x} + \overline{y}$となることは自明です。したがって、組み合わせ変数の分散は、$x_i + y_i$と$\overline{x} + \overline{y}$の差の二乗の平均を求めればいいことになります。

途中の計算はここでは省略しますが、その結果、組み合わせ変数の分散は、

x_iの標準偏差^2 + y_iの標準偏差^2 + 2 ×（x_iとy_iの共分散）

という形になります。**共分散**の定義はこの章の後半で見ることにして、この部分はx_iとy_iの相関係数を使って、相関係数×（x_iの標準偏差）×（y_iの標準偏差）で計算することができます。つまり、先ほどの式は、

x_iの標準偏差^2 + y_iの標準偏差^2
　+ 2 ×相関係数×（x_iの標準偏差）×（y_iの標準偏差）

という形でも計算できるわけです。すっきりと見せるために、ポートフォリオの標準偏差をσ_p、x_iの標準偏差をσ_x、y_iの標準偏差をσ_y、x_iとy_iの相関係数をρ（“ロー”と読む）で表すと、ポートフォリオの分散は、

$$\sigma_p{}^2 = \sigma_x{}^2 + \sigma_y{}^2 + 2\rho\sigma_x\sigma_y$$

という式になります。まあ、あまり難しく考えずに、普通の数における、

$$(X+Y)^2 = X^2 + Y^2 + 2XY$$

という計算と基本的に同じ形だけど、標準偏差どうしの掛け合わせの場合は$2XY$の部分に相関係数が掛かって、相関係数次第でこの部分が小さくなるというイメージで捉えていただければいいと思います。

２つの銘柄を組み合わせたポートフォリオの価値変動の標準偏差、すなわちボラティリティは、このように計算された分散の平方根を取れば計算することができます。

ここでは、組み合わせるものが２つのケースで説明していますが、この章の最後で説明するように、組み合わせるものが増えていっても同じ考え方を拡張していくことで計算することができます。

SECTION **4-3**

実例……相関関係によるリスクの違い

さて、ここで実例を見てみましょう。

図表4-1①は、2023年１年間のデータで調べた大林組、大成建設、楽天グループ３社の１日あたり株価変動率の平均と標準偏差です。ここでは平均についてはあまり気にせずに、標準偏差（日次ボラティリティ）に注目していきますが、一般的な習わしに従って日次ボラティリティにルート250を掛けて年率換算した値も示しておきます。

ここで、大林組にもう１銘柄加えて２銘柄のポートフォリオをつくり、リスクをできるだけ抑えることを考えます。組

図表4-1　組み合わせる銘柄によって分散効果の大きさは変わる

①個別株のデータ

	平均	標準偏差	（年率）
大林組	0.09%	1.52%	24.0%
大成建設	0.07%	1.67%	26.3%
楽天G	0.04%	2.11%	33.3%

②２銘柄の組み合わせ

	平均	標準偏差	（年率）	相関係数	分散効果
大林組・大成建設	0.08%	1.46%	23.1%	0.687	2.0%
大林組・楽天G	0.07%	1.31%	20.7%	0.015	8.0%

Investing.comのデータから筆者が計算

入比率は50%／50%とします。

大林組のボラティリティ（年率）は24.0%、それに対して組み合わせ候補の大成建設は26.3%、楽天グループは33.3%です。ボラティリティの水準だけを見ると大成建設と組み合わせたほうがポートフォリオのボラティリティは小さくなりそうですが、実際に計算してみると前㌻図表4-1②のとおりで、楽天グループと組み合わせたほうがボラティリティを低く抑えることができています。

ポートフォリオのボラティリティは、先ほど触れたとおり、組み合わせた変数の共分散もしくは相関係数を使って計算されますが、表にはこのうち相関係数も表示しています。楽天グループは、単独のボラティリティは高いですが、大成建設に比べて大林組との相関係数がかなり低くなっていることがわかります。この相関係数の低さが大きな分散効果を生み出し、ボラティリティの高さを補って余りある状態になっているのです。

２銘柄のボラティリティを単純平均した値から実際のポートフォリオのボラティリティの差をとって分散効果の大きさを計算してみると、違いは一層明らかですね。

大林組と大成建設はどちらもいわゆるゼネコンと呼ばれる大手建設会社で、株価の変動についてもかなり高い相関を有しています。一方、楽天グループはネット通販や金融、通信などを扱うまったく別の種類の会社です。このように、業種や事業内容が違う企業の株価は相関係数が低くなりやすく、そうしたものを組み合わせると分散効果が大きくなるのです。

このように2つのものを組み合わせるとき、相関係数によってボラティリティが小さくなっていく様を、前章の正規分布を使って視覚的にイメージしてみましょう。

図表4-2は、標準正規分布に従う2つの変数を50%／50%で組み合わせた合成変数の確率分布です。先ほどの2銘柄の株式ポートフォリオを単純化したものですが、ここではその2変数のあいだの相関係数を変化させると合成変数の確率分布がどうなるかを示しています。

正規分布と正規分布を足し合わせても正規分布のままですから、合成変数の分布もまた正規分布で、平均がゼロのものを足しているので合成変数の平均もゼロとなります。そして、2変数の相関係数が1よりも小さくなるに従って、確率分布は中心に向かって幅の狭いものになっていくことがわかりま

図表4-2　分散効果の視覚的イメージ

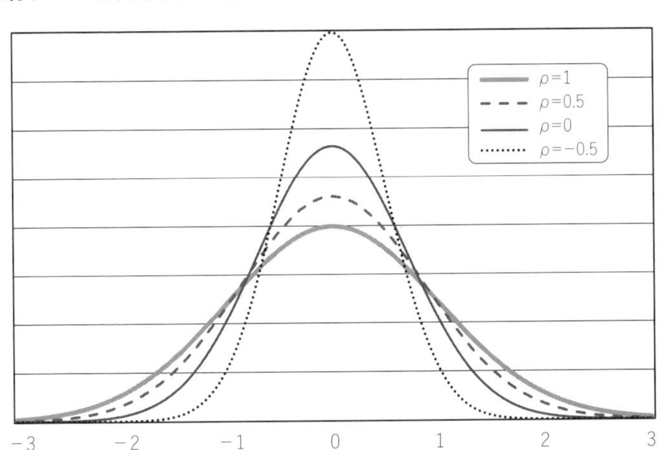

す。

　これが分散効果なのです。分散効果は、平均は変わらずに、標準偏差が小さくなって左右の広がりが抑えられる効果です。したがって、分散効果が大きくなると、平均から大きく外れた値を取る確率が減っていき、つまりそれは大きな損失が生じる確率が下がることを意味します。もちろん、その反面で大きな利益を得る確率も減ります。そして、平均に近い値が出現する確率が高まっていきます。

　したがって分散効果は、大きな利益を狙いにいくものではなく、損益の振れ幅を縮めてパフォーマンスを安定化させ、株式投資から本来得られるはずの期待リターンを狙いやすくするためのものということになります。

SECTION 4-4
パッシブ運用やオルタナティブ投資の理論的根拠

ここまで説明してきた計算をもとに、ポートフォリオの期待リターンとリスクのバランスを最適化することを考えるのが、現代ポートフォリオ理論（MPT）です。その内容にあまり詳しく立ち入ることは避けますが、ここまでの知識でそのエッセンスは十分に理解できると思いますので、簡単に触れておきます。

現代ポートフォリオ理論は、ある一定の期待リターンを実現する複数のポートフォリオ案があるときに、リスク、すなわちボラティリティが最も低いポートフォリオを選ぶべきであると説きます。これを**効率的ポートフォリオ**と呼びます。

たとえば、期待リターン10%の銘柄A、期待リターン８%の銘柄B、期待リターン６%の銘柄Cを組み合わせることを考えると、銘柄Aを100%組み入れればポートフォリオの期待リターンは10%となり、これが期待リターンの最高値になります。一方で、銘柄Cを100%組み入れれば、ポートフォリオの期待リターンは６%で、これが最低です。あとはA、B、Cの組み合わせ比率次第で、ポートフォリオの期待リターンは６～10%までの範囲のどの水準でも選ぶことができます。

もちろん期待リターンだけを考えれば高いに越したことは

ありませんが、同時にリスクの大きさも考えなければなりません。そこで、まずは様々な期待リターンの水準ごとに、リスクが最小化される組み合わせを考えていくのです。

たとえば、ポートフォリオの期待リターンを８％にする組み合わせは、

案１………銘柄Ａ　０％、銘柄Ｂ　100％、銘柄Ｃ　０％
案２………銘柄Ａ　10％、銘柄Ｂ　80％、銘柄Ｃ　10％
案３………銘柄Ａ　20％、銘柄Ｂ　60％、銘柄Ｃ　20％

といった具合にいくつも考えることができます。これらのなかで、最もポートフォリオの価値変動のボラティリティが低くなる組み合わせが効率的ポートフォリオです。

効率的ポートフォリオは、一発で答えが出る公式のようなものはないので、期待リターンを一定に保ちつつ、色々と組入比率を変えながらボラティリティが最も低くなるところを探していかなければなりません。いちいちそんなことをするのは大変に聞こえるでしょうが、エクセルのソルバー機能などを使えば、比較的簡単に計算できます。

それはさておき、効率的ポートフォリオは、期待リターンの水準ごとに存在するので、理屈の上では無数に存在します。そこで、その無数の効率的ポートフォリオのなかからどれを選ぶべきか、といったことを次に考えていくわけです。

簡単にその結論にだけ触れると、期待リターンとリスクのバランスが誰にとっても最適となる均衡点のようなものがあ

るはずだと考えられ、それを接点ポートフォリオという、ややとっつきにくい呼び方で呼んでいます。

そして、もし現代ポートフォリオ理論が広く普及し（実際に広く普及しています）、多くの投資家がそれにもとづいて合理的に行動する（これは実際には疑問です）ならば、この接点ポートフォリオは、時価総額ベースの市場平均指数に連動するポートフォリオ、すなわち**市場ポートフォリオ**と呼ばれるものに近づいていくと考えられます。

ちなみに時価総額は、発行済株式数もしくは市場での流通株式数に株価を掛けた値で、市場における株式の評価の高さを示し、一般に企業価値の大きさを計る尺度としてよく用いられています。世界の様々な市場で、この時価総額にもとづいた株価指数が公表されており、日本では東証株価指数（TOPIX）が有名です。

現代ポートフォリオ理論は株式だけ、あるいは日本の市場だけに当てはめるべきものでは本来ないのですが、あえてこの理論の帰結を日本の株式市場にだけ適用していうと、TOPIXに連動するようなポートフォリオこそが、期待リターンとリスクのバランスが最もいい日本株ポートフォリオという結論になります。

この理論展開には多くのことが仮定されており、本当に正しいのかについては様々な議論があります。ただし、現実の世界でも、こうした考え方は非常に大きな力を持っています。

投資運用の世界では、TOPIXのような株価指数にできるだけ連動するように、ある意味機械的に運用するパッシブ運用[*16]という運用手法があります。また、こうした考え方にもとづいて設定されたインデックス・ファンドなども多く存在しています。そんなパッシブ運用は、いまでは世界の投資運用業界のなかで、非常に大きな勢力を占めるようになってきているのです。それは、パッシブ運用が実際に優れた実績を上げ続けてきたからに他なりません。

加えて、近年では年金基金などを中心にオルタナティブ投資がごく当たり前のものになってきました。

オルタナティブとは代替的という意味で、株式や債券など伝統的な投資対象に伝統的な手法で投資する以外の様々な投資対象や投資手法を指します。大口投資家向けの私募ファンドであるヘッジファンド、未上場企業の株や債券などプライベート・アセットへの投資、原油や天然ガスなどのコモディティ投資、不動産など、その内容は多岐にわたります。

なぜこんなにも多様なオルタナティブ投資が隆盛を迎えているかというと、非伝統的な投資対象や投資手法のなかにも高いリターンを生み出してくれる機会があると期待されることはもちろんですが、オルタナティブ投資が分散投資のニーズを満たすのに非常に適しているという点も大きな要因でしょう。

現代ポートフォリオ理論は、本書での説明のような株式投資にだけ適用されるものではありません。すべてのリスク資

＊16　これに対して、運用者の判断により積極的にパフォーマンス向上を目指すのがアクティブ運用です。

産への投資に適用可能です。そうであれば、伝統的な投資とは相関の低いオルタナティブ投資を組み入れることによってポートフォリオのリスクとリターンのバランスは大きく改善し、現代ポートフォリオ理論がめざす最適なポートフォリオにより近づいていくことができるでしょう。

このように、投資の世界において近年大きな流れとなっているパッシブ運用やオルタナティブ投資の隆盛を支える理論的支柱となってきたものが、現代ポートフォリオ理論だったのです。

SECTION 4-5
用語や計算方法のまとめと補足

【2つの確率変数を組み合わせたときの標準偏差と共分散、相関係数】

すでに見てきたように、2つの確率変数を足し合わせた合成変数の標準偏差σ_pは、各確率変数の標準偏差をそれぞれσ_x、σ_yとすると、

$$\sigma_p = \sqrt{\sigma_p{}^2} = \sqrt{\sigma_x{}^2 + \sigma_y{}^2 + 2\sigma_{xy}}$$

と計算できます。ここでσ_{xy}という記号で表されているのがxとyの共分散（covariance）で、ヒストリカルデータなどから計算する場合の数学的な定義は次のようになります。

$$\sigma_{xy} = \frac{1}{n}\sum_{i=1}^{n}(x_i - \overline{x})(y_i - \overline{y})$$

つまり、xとyそれぞれの平均からの偏差を掛け合わせたものの平均（期待値）ということです。厳密には、この式は標本共分散を計算するもので、不偏共分散を計算するならnではなく、$n-1$で割るというのは何度も出てきている話と同じです。エクセルでは、

（標本共分散）＝COVARIANCE.P（x_iのデータ系列、y_iのデータ系列）
（不偏共分散）＝COVARIANCE.S（x_iのデータ系列、y_iのデータ系列）

で計算できます。

相関係数（correlation coefficient）は、この共分散から派生したもので、

$$\rho = \frac{\sigma_{xy}}{\sigma_x \sigma_y}$$

と定義されます。この式を変形すると、$\sigma_{xy} = \rho \sigma_x \sigma_y$という形になり、この関係を最初の式に当てはめれば、

$$\sigma_p = \sqrt{\sigma_p{}^2} = \sqrt{\sigma_x{}^2 + \sigma_y{}^2 + 2 \rho \sigma_x \sigma_y}$$

と表すことができます。

なお、正規分布に従う変数を足し合わせたものはやはり正規分布に従うということでしたから、xとyが正規分布に従う変数だとすると、2つを足した合成変数もまた正規分布になります。そして、その平均は$\bar{x} + \bar{y}$、標準偏差は$\sqrt{\sigma_x{}^2 + \sigma_y{}^2 + 2 \rho \sigma_x \sigma_y}$ということになります。

ちなみに、相関係数は、標本標準偏差と標本共分散を使って計算しても、不偏標準偏差と不偏共分散を使って計算しても同じ値になるので、標本／不偏の区別はありません。エク

セルでは、

＝CORREL（x_iのデータ系列、y_iのデータ系列）

で計算ができます。

【組み合わせる確率変数が増えたときの計算<参考>】

ここは少し高度な内容となりますが、組み合わせる確率変数の数を増やしていったときの計算に簡単に触れておきます。その場合でも、基本的にはこれまで見てきたのとまったく同じ考え方で計算をしていくことができます。

組み合わせる変数が３つの場合を見ていくと、分散は標準偏差の二乗ですから、各変数の標準偏差を以下の表の縦横の軸におき、それぞれ掛け合わせていった…部分を合計することで、集合体としての分散を計算することができます。

	σ_x	σ_y	σ_z
σ_x	…	…	…
σ_y	…	…	…
σ_z	…	…	…

$(x+y+z)^2$といった計算と基本的に同じですが、ただし異なる変数の標準偏差を掛け合わせるところは共分散にならないといけないので、…部分は、

$$
\begin{matrix}
\sigma_x^{\ 2} & \sigma_{xy} & \sigma_{xz} \\
\sigma_{xy} & \sigma_y^{\ 2} & \sigma_{yz} \\
\sigma_{xz} & \sigma_{yz} & \sigma_z^{\ 2}
\end{matrix}
$$

となって、この9つの数字を足し合わせたものが全体の分散になります。ちなみに、この3行×3列で数字が並んだものを、**分散共分散行列**といいます。行列の計算については本書では扱いませんが、エクセルの関数などではそうした機能も備わっており、そうした計算を使うと、各要素の構成比率を色々と変えていった場合の分散なども簡単に計算することができるようになります。

あとは、分散の平方根を取って標準偏差を計算するというところは同じです。

組み合わせ変数の数がさらに増えていっても、この分散共分散行列のサイズが大きくなるだけで、まったく同じ考え方を適用していくことができます。

COLUMN

ノーベル経済学賞を受賞したファイナンス理論

ノーベル経済学賞*17で、いわゆるファイナンス理論が受賞の対象となったことが過去に3回あります。ノーベル賞をとったものだけが重要ということではないのですが、これら受賞対象理論はいずれも確率統計論と関連があり、かつ実際の金融実務においても非常に大きな影響を有しているものばかりです。実務にも大きな影響があったからこそ受賞の対象になったということでもあると思いますので、ここで簡単に見ておきたいと思います。

まず1990年、現代ポートフォリオ理論確立の立役者であるハリー・マーコウィッツ（1927－2023）とウィリアム・シャープ（1934－）が、企業金融の権威マートン・ミラーと共同受賞を果たしました。マーコウィッツは本文でも触れていますが、彼が1952年に発表した「ポートフォリオ選択」という論文が、高度な数学を使った現代ファイナンス理論への道を切り開いたと評価されています。本章で取り扱ってきた内容は、いわばそのエッセンスともいうべきもので、実際の実務でも様々な

＊17 正式にはノーベル賞ではなく、「アルフレッド・ノーベル記念経済学スウェーデン国立銀行賞」などと呼ばれるものですが、他のノーベル賞と一緒に発表され、実質的には同じように扱われています。

形で非常によく応用されています。

シャープは、本書では詳しく触れていませんが、次章で扱う市場モデルをもとにしたCAPM（キャップエム、Capital Asset Pricing Model）という理論の構築に貢献しました。本書では株価指数などの期待リターンを長期データから類推する方法を第1章で扱っていますが、実務ではこのCAPMを使って銘柄ごとの期待リターンを算出することがよく行なわれています。

続いて、1997年には、マイロン・ショールズ（1941－）とロバート・マートン（1944－）がデリバティブの一種であるオプションの価格計算理論によって受賞しました。二人は、対数正規分布における確率計算が含まれるブラック＝ショールズ・モデルと呼ばれるオプションの価格計算モデルの開発やその数学的な証明などに大きく貢献した人たちです。このモデルは本来、モデルの名前にもあるとおり、ショールズと（フィッシャー・）ブラック（1938－1995）が共同開発したものですが、ブラックは少し前に亡くなっていたので、受賞はできなかったのです。

ブラック＝ショールズ・モデルは、開発からすでに半世紀以上を経ていますが、今日でもデリバティブ業務になくてはならない最も基本的で、最もよく使われているオプションの価格計算モデルとなっています。

ちなみに、この受賞には、なんとも皮肉な落ちがあります。ブラックも含めてショールズやマートンは、学者としての研究生活と民間企業での仕事を行き来するいわゆる“回転ドア”の先駆者たちです。彼らのような存在がアメリカの金融技術を飛躍的に発展させてきたわけですが、ノーベル賞受賞当時、ショールズとマートンは夢のヘッジファンドといわれたロング・ターム・キャピタル・マネジメント（LTCM）という巨大ヘッジファンドの経営陣に加わっていました。

そして、栄誉あるノーベル賞受賞の翌1998年に、最新のリスク管理技術を持つとされたこのLTCMが突然の破綻を迎えるのです。

ノーベル賞を受賞したばかりの気鋭の理論家が二人もいながら破綻を防げなかったというこのエピソードは、ファイナンス理論の限界を示唆するものと受け止められました。こうした理論の限界については最終章で扱っていきますが、本当は、だからといって「ファイナンス理論は役に立たない」と決めつけるのもまた間違いなのです。ファイナンス理論は多くの場面で非常に有用な役割を果たしています。もちろん、理論と現実のあいだにはギャップも存在します。ですから、常にそれを意識しながらも使っていくべきものといえるでしょう。

2013年のノーベル経済学賞はやや物議を醸しました。市場価格の実証研究などでユージン・ファーマ（1939－）、ラース・ハンセン（1952－）、ロバート・シラー（1946－）の三氏が共同受賞したのですが、このうちファーマとシラーは市場の効率性をめぐる議論でまったく正反対の立場に立つ論敵同士だったのです。ファーマは、市場が利用可能な情報をうまく取り込んで効率的に価格を形成し、その結果市場価格の変動はランダムウォークになるという効率的市場仮説の主唱者の一人です。対するシラーはそうした考え方に対する強力な反対論者であり、市場は不安定で、合理的な水準から乖離して過度な変動を繰り返すと主張します。

このように正反対の主張を持つ二人が同時受賞すること自体がファイナンス理論のなかに含まれる矛盾を露呈するものだという声もあります。ですが、むしろこうした異なる視点の理論を知ることで、現実の市場をよりよく理解できるようになるのではないかと思います。

シラーは、次章のコラムで触れている行動ファイナンス分野における主要学者の一人です。一方、ファーマは、同じく次章で触れるマルチファクター・モデルに関する実証研究で多くの成果を残しています。

これらノーベル賞受賞理論は、金融を理解するうえで大いに助けになるだけでなく、金融実務のなかに様々な形でしっかり根付いていて、多くの人がそうと知らずにそれらの理論の成果を使って仕事をしていることも多いのです。

PROBABILITY & STATISTICS

第 5 章

市場価格変動のモデル化と回帰分析

金融実務では、市場価格の変動など様々な対象を
モデル化することがよく行なわれる。
そもそもモデル化とは何か、
そして、なぜ、どのように、
モデル化するのか？

SECTION **5-1**

モデル、あるいはモデリングとは何か

金融業務では、モデル化（モデリング）という言葉がよくでてきます。後で述べるようにモデルは数式で表されるものなので、モデルと聞いたとたんにむずかしくて理系の人向けの話という印象を持つ人も多いのですが、実際にはそれほどむずかしいものはまれです。

具体的には、市場価格の変動などリスクやリターンをもたらす様々な変動要素を単純化して、模式化したものがモデルです。模型、といってもいいでしょう。モデル化、モデリングというのは、この模型をつくる作業のことです。何のためにそんなことをするかというと、そうすることで市場価格の変動などをよりよく理解し、より簡単にコントロールできるようにするためです。

たとえば、ある銘柄の株価などの変動をただそのまま眺めていても、意味のある分析をすることはむずかしいでしょう。ある日Ａ銘柄は上がってＢ銘柄は下がった、次の日は両銘柄とも上がった、といった事実の羅列だけではたいした情報にならないのです。

でも、それら市場価格のあいだに何らかの相関関係があるとしたらどうでしょう。あるいは、それら市場価格の変動の背後には隠れた共通の変動要因があるとしたらどうでしょう。

そうしたことを知ることができれば、市場価格の変動によってもたらされるリスクの特性をよりよく理解できるはずですし、リスクをコントロールする手段もいろいろと考えられるようになるはずです。

模型は、あくまでも現実の動きを単純化したものです。ですから、思いっきり単純化してものすごく簡単なものをつくることもできれば、より精緻に現実の動きを再現することを目指して複雑なものをつくることもできます。

複雑であれば良いモデル、ということではありません。複雑なモデルは、きちんと作動するために様々な下準備をする必要があり、それがあやふやだとうまく機能しません。それに、モデルは何らかの目的を持ってつくるものですから、どのようなモデルを用いるべきかはすべて目的次第なのです。

この章では、モデルがどのようなもので、どのようにつくるかということを理解するために、最も簡単なモデルのひとつである**市場モデル**というものを取り上げていきます。これは、ある資産の価格変動を、その資産が属する市場全体の動きで説明しようとする非常に単純化されたモデルですが、これを使うことによって、その資産価格の変動リスクを市場全体の動きに連動する部分とそれ以外の部分に分解することができるようになります。

例として、ソニー株の変動をこの市場モデルによって表現することを考えていきます。

まず、ソニーの株価はどのような要因によって変動すると考えられるでしょうか。もちろん、これにはいくつもの切り口を考えることができるでしょう。たとえば為替相場の影響も受けるでしょうし、米国株の動向の影響もあるかもしれません。どのような切り口で分析をしたいかによってモデルのあり方も変わってくるのですが、ここではソニー株の変動が日本の株式市場全体の動きに影響を受けると考えてみます。これは決して不自然な考え方ではないでしょうし、ソニーだけでなく様々な日本企業の株価にも広く影響を及ぼしそうな要因といえるのではないでしょうか。

ある企業の株価がその企業の業績見通しに大きく左右されることは当然ですが、それだけでなく、株式市場全体のムードが好転すれば、その企業の業績見通し自体に変化はなくても株価は上がりやすくなるはずです。加えて、多くの企業の業績は経済状況全般の影響を受けるはずですから、景気が良くなり、株式市場全体が上がっているときには、様々な企業の業績も良くなって、そのことを通じても各社の株価が上がる可能性は高まります。

つまり、市場全体の動きが個別企業の株価に、程度の差はあっても何らかの影響を与えていると考えられるわけです。

そこで、各銘柄の株価の動きは、全然バラバラに動いているわけではなく、その一部が市場全体の動きに連動していると考えます。市場全体の動きは、ここではTOPIXで表すことにしましょう。このTOPIXが与える影響度合いは、銘柄ごとにそれぞれ異なるでしょうが、すべての銘柄に共通する株価変動要因です。もちろん、それだけで各銘柄の株価変動を説明できるわけではないので、各銘柄の株価変動は、

TOPIXから影響を受ける部分と、それ以外の銘柄固有の変動部分の合成として表現されます。こうして、すべての銘柄の株価変動は、同じモデルで記述できるようになります。

こうしてできあがったモデルが、市場モデルと呼ばれるものです。

どうでしょう。モデルをつくるといっても、かなりざっくりとした考え方にもとづいて、ずいぶんと単純化していることがおわかりでしょう。でもこれで、個々の銘柄の価格の動きを、同じ視点から捉えなおすことが可能になったのです。

あらためて整理すると、市場モデルでは各銘柄の期待リターンを、市場全体の変動に連動する部分から生まれる期待リターンとそれ以外の各銘柄固有の変動部分から生じる期待リターンの合計として捉えます。後者の各銘柄固有の変動部分から生じる期待リターンは、一般にα（アルファ）という記号で表します。一方、前者の市場全体の変動に連動する部分から生まれる期待リターンは、市場全体の期待リターンに、各銘柄が市場全体の変動にどのくらいの割合で連動するかという率を掛けたものになりますが、この市場全体への連動率を一般にβ（ベータ）という記号で表します。

個別銘柄の期待リターン

$$= \alpha + \beta \times \text{市場全体の期待リターン}$$

ということですね。

これらαやβという記号は、株式運用の世界ではごく一般的な用語として使うことができます。たとえば、「アルファを狙え」といえば、市場全体の変動にかかわらずにリターンが上がるような銘柄を探せということになりますし、「ベータを高めよう」といえば市場全体の動きに対する連動度合いが大きい銘柄に投資していこうという意味になります。

モデルの上ではαやβの値は銘柄ごとに固有の定数として扱われますが、ではその値はいくらなのかというと、市場モデル自体はその答えを用意してくれないので、自分で値を求めなければいけません。こうしたαやβなどはモデルのパラメータと呼ばれるもので、したがってその値を特定する作業は**パラメータ推定**と呼ばれます。

つまりモデルづくりは、まずどのような切り口でモデルをつくるのか（各銘柄に共通する要因に何を選ぶのか）を考え、次にモデル式のなかのパラメータ（αやβなど）の値を推定していく、という手順を踏みます。ではパラメータ推定は具体的にどうするかというと、次のSECTIONで見るように、過去の値動きに当てはめて、最もしっくりくるような値を求めるのです。

SECTION 5-2
回帰分析によるモデルの特定

モデルのパラメータ推定の一連の作業には、**回帰分析**と呼ばれるテクニックが用いられます。

回帰分析は、分析をしたい変数（たとえばソニー株の価格変動）を、別の変数（たとえばTOPIXの変動）で説明するようなモデルを特定するための分析手法です。分析をしたい変数のことを目的変数と呼び、説明のための変数を説明変数と呼びます。

さて、モデルとは数式によって表すことができるものでした。市場モデルを数式で表すと、市場全体の変動（ここではTOPIXの変動）をR_Mとして、

$$\text{ソニー株の変動} = \alpha_{SONY} + \beta_{SONY} \cdot R_M + \varepsilon_{SONY}$$

となります。先ほど触れたとおり、市場モデルではαやβは銘柄ごとに固有の定数となっています。一方、R_Mは各銘柄共通の変数として扱われます。したがってこのモデル式は、たとえばR_Mがプラス１％だとしたら、そのときソニーの株価は何パーセント変動するのかを推定する式となります。

最後のε（イプシロンと読む）は、現実の株価変動をこの単純な市場モデルで完全に再現することはできないので必ず

生じてくる誤差を表すものです。市場モデルでは各銘柄の変動の期待値（期待リターン）は、独自の変動部分（α部分）と市場全体の変動に連動する部分（β部分）にきれいに振り分けられるはずなので、残った誤差部分（ε）の期待値はゼロにならなければなりませんが、そのうえでこの部分はどうしてもプラスに振れたり、マイナスに振れたりします。

ここで、過去の実際のデータに当てはめたときに、このεの振れ幅が最も小さくなるようにαやβの値を特定するのが回帰分析なのです。

回帰分析にもいくつかの種類がありますが、市場モデルでは、線形回帰分析というものを使います。これは、分析したい各銘柄の変動とそれを説明する市場全体の変動のあいだに線形の関係を想定するもので、いわば目的変数と説明変数の関係を１本の直線で表現するものになります。

SECTION **5-3**

最小二乗法

線形回帰分析にもいくつかのやり方がありますが、そのうち一般的に最もよく使われているのが**最小二乗法**[*18]でしょう。

これは実際のデータを当てはめていったときに、誤差、先ほどの式でいえばεの二乗の和が最小になるようにαやβといったパラメータを推定する方法です。ここで二乗がでてきたのは、誤差にはプラスマイナスがあって、そのまま足すとゼロになってしまうからです。この話は標準偏差のもととなる分散のところででてきた話とまったく同じですね。

期待値周りのデータの散らばり方を調べるのに偏差の二乗の平均を取ってさらにその平方根を計算する話と、モデルのパラメータを適切に推定するために誤差の二乗の和を最小化する話は、いわばセットになっているのです[*19]。

この最小二乗法による回帰分析のイメージは次ページ**図表5-1**のとおりです。目的変数y（ソニー株の変動）を縦軸に、説

＊18 最小二乗法によるパラメータ推定が適切ではないというケースもあるのですが、本書ではその点については踏み込みません。

＊19 ちなみに、最小二乗法は、正規分布の研究で知られるガウスが発展させたものといわれています。

図表5-1　回帰分析……二つの変数間の相関関係を直線で捉える

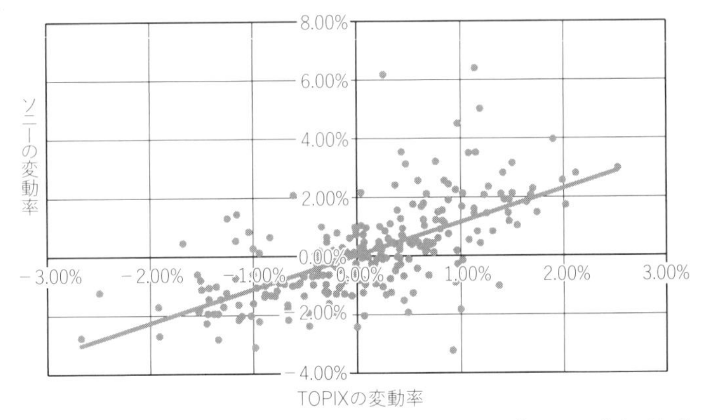

Investing.comのデータから筆者が作成

明変数 x（TOPIXの変動）を横軸にとります。そして、観測データを座標軸上にプロットしていきます。ある日のソニー株の変動がプラス３％、そのときのTOPIXの変動がプラス２％なら、x＝２％、y＝３％のところに点を打っていくイメージです。こうしてできあがった図は散布図というものになります。

ここで、これらの点の散らばりに最もうまくフィットする直線を考えます。回帰分析の結果求められるこの直線は回帰直線といいますが、これはxが与えられたときのyの推定値を示すものです。もちろん、実際の観測データはこの推定値から乖離します。それが誤差 ε です。そして、この誤差の二乗の和が最小になるようにこの直線を引いていく、というのが最小二乗法による回帰分析のイメージなのです。

ここで、αはxがゼロのときのyの期待値を表し、回帰直線のy切片にあたります。βは、xに対するyの連動度合いを示し、回帰直線の傾きに相当します。

計算が大変そうに思えるかもしれませんが、実際にはエクセルで簡単に計算することができます。グラフの近似曲線機能を使う方法、関数[*20]を使う方法、ソルバーという機能を使う方法などやり方はいろいろとありますが、その名もズバリ回帰分析という機能もあります。これは、エクセルのアドインで設定できるデータ分析というツールのなかにあります。

この回帰分析機能を呼び出すとボックスが出てきますが、「入力Y範囲」というところにソニー株の変動率のデータを、「入力X範囲」というところにTOPIXの変動率のデータを指定してOKボタンを押すだけです。そうすると、次ページ**図表5-2**のような回帰分析の結果の表を出力してくれます。この表の左下の「切片」がα、「X値1」がβです。

このように、観測データを使って、最小二乗法で銘柄ごとにαやβの値を特定すれば、市場モデルのできあがりです。

＊20 関数を使う場合、αは＝INTERCEPT()、βは＝SLOPE()という関数で計算できます。後で出てくる多重回帰分析を行なう場合は、＝LINEST()という関数が用意されています。

図表5-2　エクセルの回帰分析表

概要

回帰統計	
重相関 R	0.64137
重決定 R2	0.411355
補正 R2	0.408942
標準誤差	0.012088
観測数	246

分散分析表

	自由度	変動	分散	観測された分散比	有意 F
回帰	1	0.024914	0.024914	170.5113	0.0000%
残差	244	0.035651	0.000146		
合計	245	0.060565			

	係数	標準誤差	t	P- 値	下限 95%	上限 95%
切片	0.021%	0.000775	0.274671	78.380%	−0.00131	0.00174
X 値 1	1.1406	0.087347	13.058	0.000%	0.968528	1.31263

※グレーに塗った部分については、SECTION 5-5で説明します。

SECTION 5-4
市場モデルによる分析

さて、市場モデルのパラメータ推定が終わったところで、このモデルが何を教えてくれるのかを見てみましょう。

まずはソニー株の期待リターンは、銘柄固有の期待リターンであるαと、TOPIXの期待リターンにβを掛けたものの和で計算できるとのことでしたので、図表5-2の回帰分析の結果を踏まえて、

ソニー株の期待リターン（日次）
　＝0.021%＋1.1406×TOPIXの日次期待リターン

と表すことができることになります。このままだと数字が小さくてイメージしにくいので、年率で表示[＊21]すると、

ソニー株の期待リターン（年率）
　＝5.3%＋1.1406×TOPIXの年率期待リターン

となります。TOPIXの期待リターンは別途特定しなければ

＊21　年率換算にもいくつかの方法がありますが、ここでは単純に年間営業日数の概数である250を掛けて求めています。

いけませんが、その値が与えられればソニー株の期待リターンも特定できることになります。仮にTOPIXの期待リターンが年率10%ということであれば、ソニー株の期待リターンは年率16.7%と計算できます。

一方、リスクのほうを考えると、市場モデルのモデル式のなかで変動する部分となっているのはR_Mと誤差項εの部分でした。ちなみにαやβは固定された値なので、ここからリスクは生じません。本当はこうした部分も揺れ動くかもしれませんが、「この部分は定数である」というのが市場モデルの定義なので、モデル上はリスクではないのです。つまり、共通要因であるR_Mの変動によって生じるリスク以外のすべてのリスクは、εのところに現れるようになっています。

それを前提にして話を進めると、変動する２つの要因、R_Mとεがソニー株の変動リスクを生み出しているということになります。

ちなみに、この２つの変動要因は相関係数がゼロになっているはずです。もし両者に何らかの相関関係が残っているとしたら、それはソニー株（R_i）とTOPIX（R_M）の相関関係を抽出しているはずのβの推定がうまくいっておらず、εの中にまだTOPIX（R_M）に連動する部分が残ってしまっていることになるからです。

価格変動リスクはボラティリティ、すなわち価格変動率の標準偏差に比例するということでした。標準偏差は分散の平方根なので、まずは分散から求めていきます。ソニー株の変動は$\beta \cdot R_M$とεという２つの変数の合成で、両者の相関係数はゼロですから、ソニー株の変動率の分散は、$\beta \cdot R_M$部分の分散とεの分散の単純合計となるはずです[*22]。

これで、ソニー株の価格変動率の分散は２つの要因の和であることが示されました。相関係数がゼロなので、この２つのリスク要因のあいだには分散効果が生まれるはずですが、いずれにしろ、ソニーの株価変動リスクは、２つのリスクの合成であると考えることができるようになったのです。

ここで、$\beta \cdot R_M$部分のリスクは、市場全体の動きに追随することから生まれるリスクで、実務では一般市場リスクと呼ばれるものに相当します[*23]。実際の値を求めるためにはTOPIXの価格変動リスクを計算し、それにβを掛けることで計算します。

それに対してε部分はそれ以外の銘柄固有のリスクなので、個別リスクと呼ばれるものに相当します[*24]。こちらのリスクはεの標準偏差を調べて、それにもとづいて計算していきます。

２つのリスク成分は先ほど触れたとおり分散効果を持つので、その分を差し引けば全体のリスク量となります（リスク量の計算そのものは次章で扱います）。

＊22　xとyの合成変数の分散は$\sigma_x^2 + \sigma_y^2 + 2\rho\sigma_x\sigma_y$でした。相関係数$\rho$がゼロならば、単純に$\sigma_x^2 + \sigma_y^2$となります。

＊23　より概念的な言い方としてシステマティック・リスクと呼ばれることもあります。

＊24　より概念的な言い方として、非システマティック・リスク、イディオシンクラティック・リスク、残余リスクなどとも呼ばれます。

では、このように市場モデルによってリターンやリスクを分解することに、いったいどんな意味があるのでしょうか。

まずリターンに関しては、α部分とβ部分に分けることで、銘柄を慎重に選定して銘柄独自の個別要因を積み上げていくことでリターンを得ようとしているのか、それとも市場全体の相場上昇に乗ろうとするのか、株式投資の戦略を明確にすることができます。

リスクに関しては、性質の違う２種類のリスクに分解することで、リスクのコントロールが容易になる効果があります。

個別リスクは、他の銘柄を組み合わせることで生まれる分散効果によって減らしていくことができるリスクです。ソニーと相関性が低い銘柄を組み合わせることで、ソニー株のリスクのうち、この部分は減殺していくことができます。

分散投資をさらに究極にまで進めていって、TOPIXの構成比率と同じ比率ですべての銘柄に投資したとします。そうすると、ポートフォリオの変動はTOPIXの変動に完全に一致するので、そこでは組み入れた銘柄の個別リスクはすべてが完全に相殺されてゼロになっているはずです。つまり、分散投資で削減できるのが個別リスクということです。

これに対して、一般市場リスクのほうは、マイナスのβを持つ銘柄が存在しない限りいくら分散投資を進めても消えません。現実にはマイナスのβを持つと考えられる銘柄もないことはないのですが、分散投資を究極にまで進めた状態と考えられるTOPIXに完全に連動するポートフォリオをつくってみても、βのリスクは消えません。

ちなみにβは銘柄によって様々な値を取りますが、複数の銘柄を組み合わせたポートフォリオのβは各銘柄のβを組入比率で加重平均することで計算できます。ただし、TOPIXに完全に連動するポートフォリオであれば、そのβは計算するまでもなく1になっているはずです。

このβ部分のリスクは、究極の分散投資でもなくならないリスクなのです。ただし、別のやり方で削減することはできます。この部分のリスクは株価指数に連動するリスクなので、株価指数を売り立てることができればリスクをヘッジできることになります。株価指数はあくまでも計算上で算出された値なので本来は売買できないはずですが、それを可能にするのが先物というデリバティブです。

TOPIXの場合はTOPIX先物という取引が大阪取引所に上場されていて、少額の証拠金を預ければいつでもTOPIXを売ったり買ったりすることができます。つまり、このTOPIX先物を売り立てることでβのリスクは減らしていくことができます。

このように、市場モデルで株価変動リスクを2つの要素に分解することで、それぞれを別々に管理し、コントロールすることが可能になるのです。

この市場モデルの例で学んだことは、ほかにもいろいろと応用が可能です。たとえば自分が保有するポートフォリオが、為替レートの変動や金利の変動に対してどのような反応をするか知りたいとしましょう。その場合、ポートフォリオ構成銘柄の株価を変動させる共通要因として、為替レートや金利を指定してモデリングすればいいのです。

各銘柄の株価変動がドル円為替レートの変動にどのくらい影響を受けるかを調べたいのであれば、先ほどの回帰分析でTOPIXの変動データを使っていたところをドル円為替レートの変動データに置き換えるだけです。そうすると個別銘柄の変動は、ドル円為替レートの変動に連動する部分とそうでない部分に分けられます。そして、モデル式のβ部分はドル円為替レートに対する株価の連動度合いを表すようになります。

モデル上の共通要因は1つでなくてもよく、TOPIX、為替レート、金利といった具合に複数の共通要因を指定することもできます。こうした共通要因が複数あるモデルを**マルチファクター・モデル**といいます。

共通要因には市場価格を選ばなくてはならないなどという制約もありません。たとえば経済状況を示す経済指標を選んでもかまいませんし、あるいは負債比率や利益率などといった各企業の財務上の指標を選んでもかまいません。モデルづくりで何を共通要因とすればいいかというと、基本的にはポートフォリオへの影響度を知りたいものを共通要因に指定すればいいのです。

そして、共通要因のデータを揃えたら、あとは回帰分析を行なうだけです。複数の共通要因による回帰分析は重回帰分析と呼ばれますが、エクセルの回帰分析機能であれば、「入力X範囲」のところで複数のデータ系列を指定するだけで、共通要因が1つの場合と同様の手順で計算することができます。

SECTION 5-5
エクセル回帰分析表の見方とP値ハッキング

132ﾍﾟｰｼﾞ図表5-2で見たエクセルの回帰分析表には様々な値が出ていました。これは、モデルが観測データをどのくらいうまく説明できているかを様々な観点から分析したものです。

市場の動きをできるだけ精緻に再現できるようなモデルをつくろうと思ったら、有意性の高い共通要因をいくつも組み合わせ、全体としても説明力の高いモデルにする必要があります。ただし、実際の実務では、これらの値をさほど気にしないことも多いかと思います。

たとえばこの章で紹介している市場モデルは、様々な実証研究に支えられ、実務でも広く用いられているモデルです。このように広く普及しているモデルの説明力や有意性をあらためて検証しなければならない必要性はそれほど高くないでしょう。それに、市場モデルは精緻さを競うものではなく、株式ポートフォリオのリターンやリスクを２種類のものに分解して、コントロールしやすくすることを目的とするものです。そうであれば、個々の銘柄についての当てはまり具合などをいちいち気にしていても仕方がありません。

それでも、独自の新しいモデルで分析したいというような場合には、そのモデルの有効性についてはある程度検証していくことが必要ですし、とくに説明力の高いモデルをつくりたいということであればそうした点には十分に留意する必要があります。

そこで、補足として、エクセルの回帰分析表のなかでいくつかの重要な項目をチェックしてみましょう。

まず、説明変数が目的変数と高い相関を持っているものであれば、それだけ説明変数による目的変数の説明力は高くなります。たとえば、変数 x と変数 y の相関係数が 1 ならば、y の値は x によって完全に説明できます。一方で、相関係数がゼロならば、x によって y を説明することは部分的にもできなくなります。この場合、相関係数の符号は関係ありません。たとえば、相関係数がマイナス 1 であったら、やはり x によって y は完全に説明できます。

そこで、説明変数と目的変数の相関係数を二乗したものを、一般的には説明変数の説明力の高さの指標として用います。これを決定係数といいます。エクセルの表のなかでは、「重決定 R2」という値がそれです。この値がいくつ以上ならいいというような明確な基準はないのですが、もちろん 1 に近づくほど説明力は高くなり、一般的には0.5以上といったところを目安とすることが多いようです。

なお、説明変数が複数ある重回帰分析の場合は、少しだけ調整を加えた「補正 R2」を判断指標に使います。

次に、回帰分析の結果として、$y = a + bx$ のような y を x で説明する式、すなわち回帰式ができあがるわけですが、それは偶然のいたずらでたまたま出現しただけのものかもしれません。その確率を調べたものが「有意 F」（F 値）という値です。

このように統計分析の結果がどのくらい意味のあるものかという有意性を判定するために行なわれる作業を検定といいます。検定は通常、あるモデルの有意性を判定するために、それを否定する帰無仮説と呼ばれる仮説をまず立て、その帰無仮説が成立する確率が低いことを確かめることによってモデルの有意性を判断するという、やや回りくどいやり方をとります。

先の「有意Ｆ」は、モデルが本当は無意味で、回帰分析で得られた説明変数と目的変数の関係は偶然現れただけであると仮定したときに、その分析結果が得られる確率を計算したものです。したがって、その確率が十分に低ければ、分析結果はたまたま得られただけである可能性が低く、すなわち有意性が高いと判断できることになります。

重回帰分析の場合は、「有意Ｆ」は説明変数の組み合わせが本当は意味がないものである確率を調べたものということになります。

同じような考え方で、回帰分析で得られた「切片」（市場モデルのα）や「Ｘ値」（市場モデルのβ）などの有意性をそれぞれ判断するのが「Ｐ－値」（Ｐ値）です。

これらの検定値は、小さければ小さいほど有意性が高いと判断できるわけですが、一般的にはその基準として0.05（５％）や0.01（１％）が用いられることが多いようです。「有意Ｆ」や「Ｐ－値」がこの基準を下回ったときに、“この分析結果は統計的に有意である”というような言い方ができることになります。

ちなみに、こうした統計上の有意性判定は必ずしも絶対的なものではありません。

さらに、意図的かそうでないかにかかわらず、有意な結果が得られるように使用するデータを選択したり、調整を加えたりすることによって有意性の高い分析に見せることも可能です。こうした操作は**P値ハッキング**と呼ばれ、学術論文などでも問題になったりすることがあります。

実務のうえでも、もちろん問題となります。たとえばソニー株の変動を説明する何らかのモデルを独自に考えたとしましょう。そのモデルがうまく機能しそうな時期のデータを使って検証して高い有意性が得られたとします。でも、そういう結果が得られそうなデータを選別的に使って検証したのであれば、それは本当の意味での検証にはなりません。

統計的な分析は、観測データによって結果が変わります。ですから、特定の観測データによる結果を絶対視してはいけませんし、観測データの使用についてもきちんとルールを定めておかないと、結果が非常に恣意的なものになってしまう危険が常に伴います。

SECTION 5-6
用語や計算方法のまとめと補足

【市場モデル】

市場モデルでは、リターンはα部分とβ部分に分かれているので、銘柄iの期待リターンは以下のようになります。

$$E[R_i] = \alpha_i + \beta_i \cdot E[R_M]$$

これに対して、リスクの大きさを示す価格変動の標準偏差は、

$$\sqrt{Var[R_i]} = \sqrt{\beta^2 \cdot Var[R_M] + Var[\varepsilon_i]}$$

ということになります。$\beta^2 \cdot Var[R_M]$ が一般市場リスクまたはシステマティック・リスクを反映した部分で、$Var[\varepsilon_i]$ が個別リスクまたは非システマティック・リスクを反映した部分です。両者は相関係数がゼロなので、そのあいだには分散効果が働くことになります。ただし、実務上では分散効果を考慮せずに、一般市場リスクと個別リスクを単純に足し上げて計算するようなこともあるので注意してください[*25]。

＊25　市場の急変時に分散効果が薄れるという現象が起きるため、実際のリスク計算では分散効果を限定的にしか認めない場合があります。

COLUMN

分布の歪みを生む心理の歪み……行動ファイナンスの登場

確率統計論は、様々な業種の様々な業務で非常によく使われています。本書の内容もそうですが、たとえば正規分布を仮定した確率計算などはまさに至る所にでてくるはずです。

その背後には本来、なぜ正規分布を仮定して計算することができるのか、対象とする事象の実際の確率は本当に正規分布なのか、といった論点が常に横たわっているはずですが、いつしか惰性のように正規分布で計算することが当たり前になってしまうことが往々にしてあると思います。

最終章の内容を少しだけ先取りする形になりますが、この問題について、ここでは確率統計論とはやや異なる視点で考えてみましょう。

ここまで何度か繰り返してきたとおり、正規分布はランダムな変動の積み重ねで生じるものです。遺伝子のランダムな変異、原子や分子のランダムな熱運動によって引き起こされる不規則な動き、コイン投げやサイコロのようなランダムな試行の繰り返し、こうしたことが正規分布を生みます。

株価変動のような人間の営みで生じる現象でも、ざっくりといえば正規分布に近いものが現れること自体が不思議といえば不思議ですが、実際には実社会でも概ね正規分布に従っているように見えるものは少なくありません。ですが、最終章で取り上げるとおり、細かく見ていくと、株価変動などでは正規分布とは明らかに違った特徴があることも確認できます。こうした正規分布からの逸脱こそが、確率統計論を実務に応用する際に大きな論点になるところなのです。

大雑把にいえば正規分布に似ているとしても、実際の分布には明らかに違っている部分があるのであれば、それはランダムな試行の繰り返しという条件が完全には満たされていないことを示唆します。

その大きな理由のひとつと考えられるのが、人間の心理における偏り（バイアス）です。人の判断にはばらつきがあり、人によって少しずつ違っています。バイアスとは、そのばらつき具合が一定の方向に偏っていることを指します。ランダムにばらつかずに一方向に引っ張られて、歪んだ形にばらつくのです。

たとえば、株式市場でブームになっている銘柄があるとします。多くの投資家は、こうした銘柄を実力よりも過大評価する傾向を持ちます。その結果、株価は本来あるべき水準から大きく離れてどんどん上昇していきます。しかし、実力以上の株価上昇はいつまでも続かず、いつか大きな揺り戻しが発生するはずです。人間心理のバイアスから引き起こされるこうした一連の株価変動は、ランダムな動きの積み重ねであるランダムウォークとは明らかに違います。

このような人間心理のバイアスが経済的な行動にどう影響を及ぼすかを研究するのが行動ファイナンスといわれる研究分野です。2002年にノーベル経済学賞を受賞し、先日亡くなったダニエル・カーネマン（1934－2024）や、その共同研究者であったエイモス・トベルスキー（1937－1996）らによって切り拓かれ、それまで「人々は合理的で正しい選択をする」という前提のうえに成り立ってきた経済学に新風を吹き込みました。

行動ファイナンスの登場によって、それまで数式で単純化された様々な仮定の下で計算を重ねてきた経済学やファイナンス理論で見落とされてきた矛盾や疑問の多くが説明可能になってきているのです。

もっとも行動ファイナンスは、市場の価格変動にランダムではない一定の力が加わることによって正規分布とは異なる性質を持つことを説明してはくれますが、それによって将来をより正確に予想する手助けをしてくれるわけではありません。

人間の心理はバイアスを持つだけでなく、状況によって様々に揺らぎます。それを本章で扱ってきたようなモデルに落とし込んで市場価格の動きを説明するといったことは相当に困難なのです。

そこで実務のうえでは、原因の説明はともかくとして、正規分布とは少し違った特徴を持つ実際の市場価格の変動を、確率統計論のテクニックを使ってどう捉えていくかというところに焦点を当てていくことになります。

それが最終章のテーマとなっていきますが、これらのテクニックもまた、人間心理が生み出す市場価格の歪みのようなものを擬似的に捉えようとする試みであることをあらかじめ念頭に置いていただければと思います。

PROBABILITY & STATISTICS

第6章

リスクの大きさを捉える

ビジネスでも投資でも、
意思決定の本質はどのようなリスクを
どのくらいとるか決定することにある。
適切な判断を可能にするために、
リスクの大きさをまず可視化しなければならない。
どのようにすればリスクの大きさを
測ることができるのか?

SECTION **6-1**

VaR革命

リスクは、一般に危険という意味で用いられる言葉ですが、一概に忌避されるべきものとは限りません。とくにビジネスや投資の意思決定においては、リスクは忌避すべきものではなく、選択すべきものとなります。

もちろんリスクをとらずに利益が得られるのであればそれがいちばん良いのですが、実際にはそのような機会に遭遇することはまれでしょう。仮に企業が「リスクはとらずに利益だけを得る」方針を決めたとしたら、おそらくビジネス機会はきわめて限られ、十分な利益を得られずに事業を継続できなくなる可能性が高くなります。結局、それが“リスクをとらないリスク”になるのです。

そう考えると、意思決定とは、どのようなリスクをどのくらいとるのかという判断をすることに他なりません。

そうであるならば、意思決定を下すためには、まず何かをやるときにどのようなリスクが付随するかを特定し、それぞれのリスクの大きさを可視化しなければなりません。リスクの特定と定量化こそが意思決定の前提になるということです。

1990年代前半にアメリカの大手金融機関JPモルガンのCEOを務めたデニス・ウエザーストーンは、「銀行業務の本質はリスク管理である」という発言を残しています。これは何も銀行業に限らず、すべてのビジネスに共通することだと思いますが、彼はその言葉を実践すべく、「明日、最悪の場合に自行にどのくらいの損失が発生しうるか」を毎日報告するようにスタッフに求めます。この要請に応えて開発されたのが、現在ではリスク量の定量化手法として幅広く用いられている**バリュー・アット・リスク**（**VaR**＊26、Value at Risk）という指標です。

ただし、"最悪の場合"といっても、何を最悪と考えるかはとてもむずかしい問題です。たとえば、将来様々に発生しうる損益の確率分布を、ここまで何度も登場させてきた正規分布で正確に表せるとしましょう。正規分布は左右対称の釣り鐘型確率分布で、平均から遠く外れる値の出現確率は非常に小さくなっていくとのことでした。ただし、その確率はどこまで行っても完全にはゼロにならないのです。したがって正規分布においては、どんな値よりもさらに悪い値となる確率が、たとえほんのわずかであっても残されていて、本当の意味での最悪の事態を特定することはできません。

そこでどうするかというと、99％とか、95％というような十分に大きな確率の範囲を設定し、そのなかで最大となる損失額を計算するのです。このときの99％とか95％という確率のことを、すでにでてきた言葉ですが、信頼水準もしくは信頼区間といいます。

＊26 分散を表すVar等と区別が紛らわしいですが、バリュー・アット・リスクの場合は真ん中のみ小文字でVaRと表すことが習わしとなっています。

現実に即して考えてみても、悪いシナリオはいくらでも考えることができます。たとえば、隕石が落ちて世界が壊滅的な打撃を受けるというような極端に悪いシナリオも、その発生確率は完全にはゼロでないでしょう。ですが、そんなことまで考えていてはビジネスなどできません。現実的な判断をするためには、確率が完全にはゼロでなくても、ゼロに近いとみなせるものは無視する必要があるのです。

それに、発生確率が非常に低い極端なシナリオを想定してしまうと、どんなことをやるにしてもすべてが損失になってしまうので、現実的な意味でのリスクの大きさの違いを把握することができなくなってしまいます。安全資産とされる国債でも、リスクの高い新興企業株の株式でも、世界が壊滅すればどちらも紙くずです。しかし、それではリスクの差がわからなくなって、リスク管理は意味を失います。だから、現実的な確率の範囲を決め、そのなかで想定される最大の損失額の大きさでリスクの大きさを表すのです。

では、信頼区間として何%の範囲で最大の損失額を計算すればいいかというと、その点についてはとくに正解があるわけではありません。

この問題は後でまた考えるとして、とりあえずは信頼区間を99%として話を進めます。その範囲で自社の最大の損失額を見積もったところ、その額がXになったとしましょう。その場合、「99%の確率で損失額はXを超えない」と表現することが可能です。別の言い方をすれば、「Xを超える損失が発生する確率は１%である」と言うこともできます。

ここで、ちょうどXの損失をカバーできるだけの自己資本があるとしましょう。自己資本は、株式会社ならば株主資本と呼ばれ、本来は株主のお金です。ですが、借入のように返済義務を負ったものではないので、これを全部使い果たしてしまっても、株主は怒るでしょうが、それだけで会社が破綻することはありません。会社が破綻に追い込まれるのは、一般的には支払義務がある負債を支払えなくなったときです。

そうすると、99％の範囲で最大となる予想損失額を上回る自己資本を用意できていれば、「損失が自己資本を超えてしまって会社が破綻に追い込まれる確率は、１％未満に抑えられる」ということになります。

現実問題としては、破綻確率が１％もあるのはかなり問題ですが、この点にはあまりこだわっても仕方ありません。実際のリスク定量化の作業では、様々な仮定を置いて計算しなければいけないので、その正確性が厳密に担保されているものではないのです。だから、破綻確率を0.01％未満に抑えたいから信頼区間は99.99％で計算しなければいけないと考えても、その計算がそのとおりの正確なものになる保証はありません。

設定すべき信頼区間に正解はないというのはそういう意味です。そこで、実務上はとりあえず99％とか95％で計算します。でも、そうしていわば適当に計算した予想損失額を自己資本でカバーするだけだと、先ほどのとおり、会社の破綻確率は結構高めになってしまいます。そこでどうするかというと、たとえば99％信頼区間で計算した最大損失額の３倍分を自己資本でカバーする、というように何らかのバッファーを設けて管理していくのです＊27。

実際の業務では、大きなリスクをとったからそれに必要な自己資本をあわてて調達するというわけにもいかないでしょうから、既存の自己資本の一部を業務執行上で発生するリスクをカバーすることに計算上割り当て、実際のリスク量＋バッファーがその範囲内に収まるように業務を運営していくことになります。

いずれにしても、せっかくきちんと定義をしてリスクを定量化するのに、最後はエイヤッというような部分が入ってきて、少しすっきりしないものを感じるかもしれませんが、現実のリスク管理には２つのステップがあるということです。

１つ目は、現実的な定義に従ってリスク量を測定するステップです。これができないと、どのようなリスクをどのくらいとっているかがわからないので、ここはきちんと定義し、きちんと計測しなければいけません。

次のステップは、そのリスク量に対して自己資本が十分に用意されていて、会社の破綻確率が僅少に抑えられているかどうかをチェックするステップです。この部分については、次章で詳しく見ていきますが、大きな損失を生むようなまれな事象の発生確率を事前に正確に見積もることが非常にむずかしいので、どうしてもある程度のエイヤッが必要となるの

＊27　こうした計算は、バーゼル規制と呼ばれる国際的な銀行規制でも採用されているものです。

です。正確な見積もりがむずかしいなかで会社の破綻確率を僅少にするためには、いろいろとバッファーを設定して、保守的に計算していくことが現実的です。それが、先ほどの99%での最大損失額の3倍、というような計算です。

このように、信頼区間の水準と、会社の破綻確率を僅少にするためのバッファーは、組み合わせとして考えるべきものであって、信頼区間が大きければバッファーは少なくてもいいでしょうし、信頼区間が小さければより大きなバッファーが必要です。だから信頼区間の設定そのものには必ずしも正解はないということになります。

SECTION **6-2**

VaRの計算方法

VaRは、前SECTIONで説明したとおり、「信頼区間*K*のもとで想定される最大損失額」として定義されます。したがって、まずは信頼区間を決めないといけませんが、これは前SECTIONで説明したとおり、どの水準で計算しないといけないというものはなく、95～99.9%あたりで目的に応じて使い分けるというのが一般的でしょう。

次に、どのくらいの期間で損失を計算するかも決めなければいけません。1日の想定損失額か、1年の想定損失額かで、求まる数字は大きく変わります。このリスク計測期間のことを**保有期間**と呼んでいます。リスクは現時点で保有している商品等でしか計算できないので、それをいつまで保有しているとみなしてリスクを計算するか、ということです。

損失が膨らみ始めたらすぐに売却したりリスクヘッジできたりするものであれば、保有期間は短めでも大丈夫ですが、何かあっても簡単には売らないもの、あるいは、大きく値下がりしたときに売ろうと思っても簡単には売れないものであれば、保有期間は長めにする必要があります。

銀行のトレーディング業務で、いつでも簡単に売却したりリスクヘッジできたりするものを対象とする場合には10営業日というのがひとつの目安になります。

それから、VaRを計算するために使う一定期間の過去データも用意する必要があります。リスク量の定量化は、できるだけ客観的に行なうことが重要です。主観が混じると、ついつい自分たちに甘い想定をしてリスクを軽く見積もってしまうことが往々にして起こるからです。

主観を排して客観的に計算するには、過去のヒストリカルデータを使うのが最も簡単でしょう。これだと、過去に起きたことしかリスク計算に反映できないという欠点を抱えることになるのですが、それでも過去データを使うというのがリスク定量化の出発点です。この過去データは直近データを使うのが一般的ですが、どのくらいの期間のデータを使って計算するかというその期間のことを**観測期間**といいます。

観測期間についてもとくに正解はありませんが、一般的には、短すぎず、長すぎず、ということで1年から5年程度までのあいだで決めることが多いようです。

以上、計算の前提となるすべての条件を含めると、VaRは「一定の保有期間内で生じる可能性のある損失額のうち、一定の信頼区間内で最大となる予想損失額を、一定の観測期間のデータにもとづいて計算したもの」ということになります。

では、一定の観測期間のデータを用意したとして、たとえば信頼区間99%、保有期間10営業日のVaRを求めるとした場合に、いったいどうやって計算すればいいでしょうか。

もし想定される損益の分布が正規分布で表せるものならば、ここまで見てきた正規分布の確率計算を使ってVaRは簡単に計算することができます。

ここで、ある銘柄の株式を保有しているケースを考えてみましょう。そこから生じる損益は、保有株数×株価変動幅、あるいは同じことですが、保有株式時価評価額×株価変動率で計算できます。もし株価の変動が正規分布に従うならば、損益の発生確率もそれを鏡に映したように正規分布に従うことになるはずです。したがって、株価変動の確率が計算できれば、損益についての確率計算もできます。

正規分布の確率計算をするためには、平均（期待値）と標準偏差が必要ですが、株価変動率についての期待値や標準偏差の計算はすでにお話ししてきました。

このうち期待値、すなわち期待リターンは、リスク管理ではあくまでも副次的なものであり、あまりこだわる必要はありません。さらにいえば、特定の観測期間のデータで計算した値を期待リターンとみなして計算するのは第１章の議論からもやや問題含みです。とくに短期間のリスクを測定する場合には、いずれにしても期待リターンはかなり小さな値になるでしょうから、これをゼロとして計算を進めても問題は少ないですし、実際にそうしていることも多いのではないかと思います。

一方、標準偏差は、第２章でやったように、日次データから日次ボラティリティを求め、それを10日分の標準偏差にしたい場合はルート10倍すれば求められます。第２章のデータによれば、日経平均株価の日次ボラティリティは1.010％でしたので、ルート10倍すれば3.19％となります。これを保有している銘柄の数字と仮定して話を進めましょう。

そうすると、この銘柄の株価変動率は**図表6-1**①のように、平均がゼロ、標準偏差が3.19%の正規分布として表現することができます。株を保有している場合は価格が下落するときに損失が発生するわけですが、そこで、この正規分布上で、ある特定の変動率よりも大きな下落率が発生する確率がちょ

図表6-1　信頼区間99% VaRの概念図

①1日あたり株価変動率の仮想的な分布

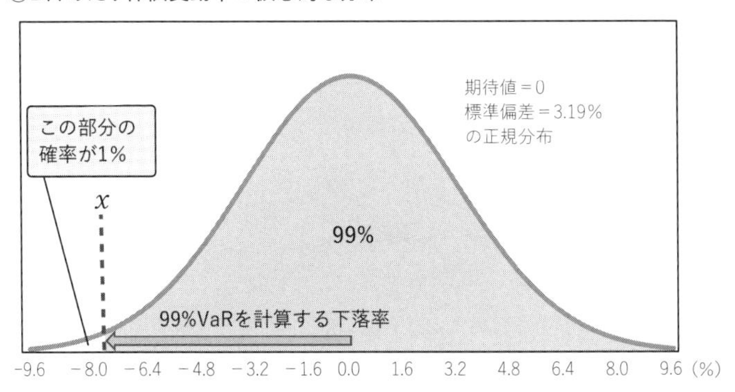

②標準正規分布上での計算

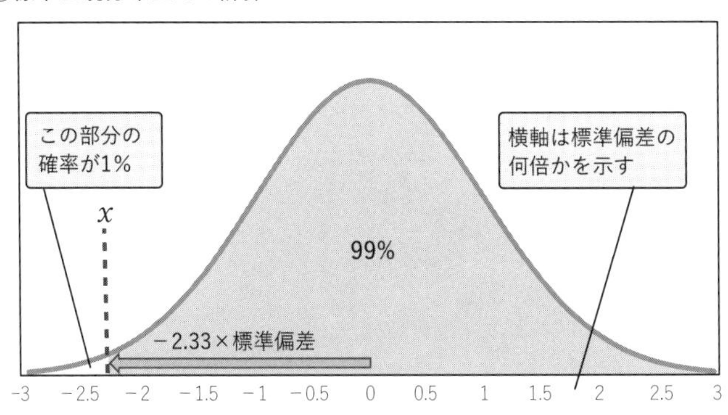

うど1％になるような変動率がどこかを探します。この変動率をXとすると、株価変動率の分布でこのXよりも左側、つまり下落率がXよりも大きくなる領域の発生確率は1％になっているわけですから、Xの右側の領域は、その1％が除かれた残り99％の領域となっており、これが99％の信頼区間になります。

損失は変動率の分布の片側でしか生じないため、その損失が生じる側の端っこの1％部分を切り落として、残り99％を信頼区間として設定するわけです。このような信頼区間は、片側信頼区間*28と呼ばれるものになります。

この99％領域での最大の株価下落率は、図のなかの矢印で表されたものになりますが、これは変動率Xそのものです。つまり、この変動率Xで計算された損失額が信頼区間99％のVaRということになります。

ここで、標準正規分布に置き換えて計算をしていくと、Xは、標準正規分布上で標準正規分布の累積分布関数を使って$N(x) = 0.01$となるxに相当します（前㌻図表6-1②）。x以下になる確率が1％ということですね。xは、いろいろな値を試して$N(x)$が0.01に限りなく近くなる値を探すことで求めますが、それを簡単に探してくれる標準正規分布累積分布関数の逆関数というものが用意されています。

この関数は、$N^{-1}(z)$というように表され、ある点以下に

＊28　99％の両側信頼区間であれば、確率分布の左右0.5％ずつを除外した中央部分99％の領域になります。

なる確率がzになるという点を標準正規分布上で求めます。これを使って$N^{-1}(0.01) = -2.3264$……と計算できるので、左端１％と残り99％を切り分ける点は平均から標準偏差の約2.33倍分、マイナス方向にずれたところに位置していることがわかります。したがって、Xは標準偏差のおよそ－2.33倍分の価格下落率ということになります。

以上の情報によって、この銘柄に10億円投資しているときの10日間、99％のVaRを計算することができるようになります。

あらためて整理すると、10日間の株価変動率の標準偏差は、日次ボラティリティ1.010％のルート10倍です。その約－2.33（$\fallingdotseq N^{-1}(0.01)$）倍が、99％信頼区間内で最大の株価下落率となります。VaRはそのときの損失額ですから保有額と価格下落率を掛けて、

$$99\%\mathrm{VaR} = 10\text{億円} \times 1.010\% \times \sqrt{10} \times -2.33 = -74\text{百万円}$$

と計算できます。ちなみに、計算結果がマイナスとなっているのはこの額が損失であることを表しています。

複数銘柄を組み合わせたポートフォリオのVaRも、基本的にはまったく同じように計算することができます。第４章で扱った複数変数を組み合わせたときの集合体の標準偏差の考え方を使ってポートフォリオの標準偏差を計算し、後は同じように計算していけばいいだけです。

SECTION **6-3**
期待ショートフォール

その定義からもわかるとおり、VaRは、信頼区間が99%ならば、そこから外れる１%の領域で何が起きるかについては何も教えてくれません。つまり、本当に悪いシナリオで何が起きるかはわからないのです。それがVaRの定義です。そのことに疑問を感じる人もいるのではないでしょうか。

なぜリスク量の計測にこのような考え方をするのかというと、確率統計論の伝統的な考え方が反映されているように思います。それは、95%や99%といった高い確率で予測内に収まるのであれば、その予測は十分に信頼できると判断できる、というような考え方です。

確率的事象では、どうしても平均から離れた外れ値が出てしまうものです。それをなくそうと思えば、信頼区間を100%にして、「何に投資しても最大の損失額は投資額全額」といった無意味な予測をしなければならなくなります。だから信頼区間というものを設定する、ということでしたね。そして、信頼区間の高い予測は、それだけ信頼できる予測ということになります。

それに、こうした定義によるリスク量は、リスクを管理する目的が「経営を揺るがすような大きな損失が発生する確率を一定以下に抑える」ということであるとすれば、まさに適合的なものといえます。

一方で、信頼区間を外れた領域で何が起きるのかを知りたい、というニーズもあるのではないでしょうか。

とくに、特定の金融機関の経営悪化が金融システム全体に波及しないように目を配っている規制・監督当局からすれば、市場が大混乱に陥ったときに各金融機関がどのくらいの損失に見舞われる可能性があるかということこそが最大の関心事でしょう。その観点では、VaRは必ずしも適切な指標とはいえないのです。繰り返しになりますが、VaRは信頼区間から外れた真に悪いシナリオを切り捨てて計算するからです。

確率分布の両端部分、すなわち平均から大きく外れた事象が起きる領域のことを日本語では裾、英語ではテールと呼ぶことはすでに述べました。ですから、その領域で生じる損失リスクを、**テールリスク**といいます。一定の信頼区間でテールを切り捨てて計算してしまうVaRは、テールリスクを適切に捉える指標とはいいにくいのです。

では、信頼区間を外れた領域でどのくらいの損失が発生するか、その期待値を計算するというのはどうでしょうか。

実はそのようにリスク量を定義する方法もあって、それが**期待ショートフォール**（**ES**、Expected Shortfall）と呼ばれるものです。

ESは、信頼区間を外れたときの期待損失額ですから、同じ信頼区間で計算すれば、定義上、信頼区間内の最大損失額であるVaRよりも必ず大きな値になります（次ページ**図表6-2**）。

図表6-2　VaRとES

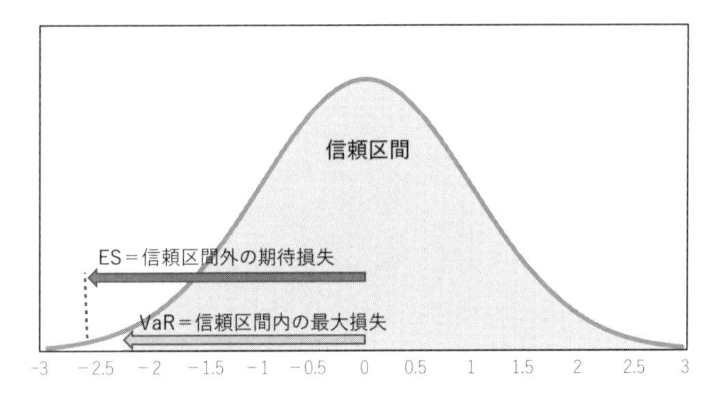

ちなみに、国際的な銀行規制であるバーゼル規制＊29の最新バージョン、いわゆるバーゼル3と呼ばれるものでは、市場リスクを計測する際の定義を、それまで使っていた信頼区間99％のVaRから、信頼区間97.5％のESへと切り替えています。これは、リスク管理の指標としてVaRがふさわしくないということを必ずしも意味しているわけではありませんが、少なくとも規制当局目線ではESのほうがより適した指標であると考えた結果でしょう。

とはいえ、先ほどの例のように、株式を保有しているときのリスクを正規分布の仮定のもとで計算するならば、このような議論はそれほど重大なものとはなりません。

正規分布におけるESは、実は簡単に計算することができ

＊29　バーゼル銀行監督委員会という国際組織が内容をまとめ、主要各国で法制化されている銀行規制で、日本の主だった銀行にも適用されています。

ます。計算の詳しい説明はともかくとして、たとえば株を保有しているときの信頼区間99%のESは、株価変動率の標準偏差の2.67倍の下落率で生じる損失にあたります[*30]。それは、信頼区間99.6%のVaRとほぼ同じ値です。つまり、テールリスクをきちんと捉えるためにESで計算するといっても、正規分布の仮定下では信頼区間を少し引き上げることと何ら変わりません。

逆に、正規分布下で99% VaRと同じくらいの値になるESの信頼区間は97.5%です。バーゼル規制の切り替えは、正規分布を使って計算する限り、計算結果に変化はでないということです。

もちろん、バーゼル規制がそれまで使っていた99% VaRを97.5% ESに切り替えたのには大きな理由があります。せっかくテールリスクを測定するためのESに切り替えるのだから、正規分布に頼らずにテールリスクをきちんと捕捉できるやり方で計算しましょうということなのですが、この点は最後の章で見ることとして、とりあえずここでは、リスク量の定義にVaRとESという2種類のものがあるということをしっかり押さえておきましょう。

＊30　標準正規分布における信頼区間Kの期待ショートフォールは、標準正規分布の密度関数をg、累積分布関数とその逆関数をNおよびN^{-1}とすると、$-g(N^{-1}(1-K))/N(N^{-1}(1-K))$と計算できます。

SECTION 6-4
用語や計算方法のまとめと補足

【VaR（バリュー・アット・リスク）とES（期待ショートフォール）】

VaRは一定の片側信頼区間のなかで最大となる予想損失額で、ESは一定の片側信頼区間を外れる領域での期待損失額です。

次章で見るように、VaRの実際の計算方法には様々なものがありますが、正規分布を仮定するならば、損益の期待値がゼロ、保有銘柄あるいは保有ポートフォリオの時価評価額をP、その変動率の日次ボラティリティをσ、とすると、保有期間n日間、信頼区間KのVaRは、

$$VaR = P \times \sigma\sqrt{n} \times N^{-1}(1-K)$$

と計算できます。

ここまで株式を保有しているケースということでリスク量の計算を考えてきましたが、たとえば空売り（自分が保有していないものを誰かから借りるなどして売ること）などの場合には、時価評価額がマイナスになり、かつ価格上昇方向にリスクがあるので、厳密にいえば、

$$VaR = -P \times \sigma \sqrt{n} \times N^{-1}(K)$$

といった計算になります。ただしこのあたりは、左右対称の正規分布を仮定する限り、あまり気にする必要はありません。$N(1-K)$ も、$N(K)$ も絶対値では同じ値になるので、買いだろうが売りだろうが、とにかく「信頼区間99%ならば標準偏差の2.33倍を掛けて計算する」と覚えておけばいいのです。

ちなみに、これらの計算はあくまでも、株価などの価格変動率が正規分布に従うことと、損益はその価格変動に完全に連動して発生するということの２つを前提にしているので、それらの条件が満たされなければ正しい計算にはなりません。このうち、前者の条件が満たされない場合については次章で扱います。

後者については本書では詳しく扱いませんが、簡単に触れておくと、たとえばデリバティブの一種であるオプション取引などでは、オプションの対象となる商品（原資産）の価格変動とオプション取引から発生する損益が鏡に映したようには連動しません。その関係は直線ではなく、曲線でしか表せないのです。そのような場合には、ここまで説明してきた計算だけではリスクを捉えきれなくなります。

こうしたリスクを非線形リスクと呼んでおり、必要に応じて何らかの方法で捕捉しなければならないことはいうまでもありません。

ESの計算方法については、先にも少し触れましたが、本章で扱っている正規分布を仮定した計算で求めることにはあまり意味がないので、ここでは触れずに、次章で見ていきます。

COLUMN

リーマンショック

2008年9月15日、全米第4位の大手投資銀行リーマン・ブラザーズが経営破綻しました。その日にアメリの株価指数S&P500は、4.7％も下落しました。S&P500の1日あたり価格変動率の標準偏差、すなわち日次ボラティリティは1％あるかないかくらいですが、ここでは単純化して1％とすると、標準偏差の4.7倍もの下落ということになります。

正規分布でそのような事態が起きる確率は、$N(-4.7)$で計算して、0.00013%に過ぎません。およそ77万回に1回発生するくらいの確率です。株式市場の年間営業日数を250とすれば約3000年に一度くらいしか発生しないものということになります。

これほどに確率が低い事象は、一般的には無視してもかまわないと考えられるでしょう。たしかに確率はゼロではありません。ですから、この2008年9月15日にたまたま3000年に一度の出来事が起きたのかもしれません。そうであれば運が悪かったとしか言いようがありませんし、3000年に一度の出来事が近いうちにもう一度起きるとは考えにくいので、これ以上気にしていても仕方ないでしょう。

ところが、話はこれで終わりませんでした。金融市場の混乱はその後も続き、株価は激しい変動を繰り返したのです。９月29日、財政資金を投じて金融機関の不良債権を処理するための救済法案が米国下院議会で否決されると、株式市場はまるで音を立てて崩れるかのような暴落を始め、この日だけで8.8%も下落したのです。

正規分布で標準偏差の8.8倍もの価格変動が起きる確率は、4.7%の価格変動よりもさらにゼロに近く、実際にエクセルで計算しても、%表示でずっとゼロが並んで小数点以下16桁目でようやくゼロ以外の数字が出てきます。先ほどのように何年に一度の出来事かを計算すると、5800兆年に一度くらいということになりますが、ここまでくるとこの計算は明らかにどこかが間違っている、それも決定的に間違っていると考えざるを得なくなってきます。

それだけではありません。日本では“リーマンショック”、世界では“世界金融危機”といわれるこの事態のなかで、標準偏差の何倍以上という大きな株価変動がひっきりなしに生じたのです。実際、９月15日の4.7%という株価変動率は、この日から翌年３月にかけての期間における１日あたりの変動率の大きさでいうと24番目に過ぎません。多くの人が「株式市場が崩壊した」と感じた９月29日の8.8%の変動ですら５番目です。

リーマンショックは、たんに経済や金融の歴史のなかで大きな出来事であったというだけでなく、正規分布を仮定して行なってきた様々な金融実務が、まったくの見当外れだったかもしれないという事実を突きつけるものでした。つまり、確率統計論の限界と落とし穴、それもとんでもなく大きな落とし穴が存在することを示唆するものだったのです。

ですが、これを確率統計論の敗北と位置づけるのは安易に過ぎるでしょう。

実は、市場価格の変動はざっくりといえば正規分布で表せるものの、厳密にいえば正規分布とは異なる部分があるということは、以前から知られていたことでした。

高名な数学者で、市場価格変動の研究などでも知られるブノワ・マンデルブロ（1924－2010）は、早くも1960年代に、市場価格の変動が正規分布とは異なるものであることを示しました。そして、正規分布では発生確率がほぼゼロとみなせる事象が、実際の市場変動では頻繁に生じうるとしたのです。

詳しくは次章で取り上げていきますが、実務のうえでも、こうした市場価格の非正規分布性を捉えるための様々な技術が考えられています。

リーマンショック期に多くの金融機関が巨額の損失を計上すると、「確率統計を用いたリスク管理はまったくの役立たずだった」という意見が広く聞かれるようになりましたが、それは正しい指摘ではありません。限界も対処法も、ある程度はわかっていたのです。そして実際に、このような過去に経験したことのない異常事態のなかでもリスク管理がうまく機能し、大きな傷を負わなかった金融機関はいくつも存在しています。

確率統計の計算では、多くのことを仮定して計算を行なっていきます。だから、その計算があてはまらないことも現実には起きます。でも、そうした限界をきちんと知っていれば、対処法も見つかります。ただし、それを使いこなせるかどうかは、結局は使う人の側の問題なのです。

リーマンショックの歴史から学ぶべきは、そういうことだと思います。

PROBABILITY & STATISTICS

第7章

確率統計論に根ざしたリスク管理が間違うとき

確率論や統計学に根ざし、精巧に構築されてきたはずの
リスク管理が失敗する事例はしばしば生じている。
それはいったいなぜなのか?
どこに落とし穴があり、それを回避するには
どうすればいいのか?

SECTION 7-1
確率統計論の限界とは

ここまで正規分布を仮定した確率計算やリスク計測の考え方を説明してきました。正規分布を仮定することで、いろいろな計算が可能になり、リスクの大きさを可視化することができるということでした。ですが、それで万全というわけではありません。

前章のコラムで見たように、たとえば株価など市場価格の変動は、ときに正規分布を仮定した計算では捉え切れない動き方をすることがあります。それはたんに例外的な出来事として無視しておけばよいのでしょうか。

しかし、その例外的な出来事によって組織の存続が危ぶまれる事態が起きるのであれば、その例外的な出来事にいかに備えるかということこそがリスク管理における最大の課題となるはずです。

実際に、確率統計論に根ざしたリスク管理の歴史は、失敗の連続といってもいいものです。

例として、すでに何度か登場していますが、金融機関のリスク管理で重要な役割を果たしている**バーゼル規制**と呼ばれるものの歴史に簡単に触れておきましょう。

1980年代における中南米諸国の累積債務問題の深刻化や一部大手米銀の経営不振などを受け、1988年、世界的な金融危機の発生を防ぐための国際的な銀行規制の導入が主要国のあいだで合意に達しました。それがバーゼル合意といわれるものです。バーゼル規制の細かい内容には触れませんが、その内容は確率統計論による分析をベースに決められていて、いわば国際的に公認された確率統計論にもとづくリスク管理を規定するものといえます。当初、この規制は貸出に伴う貸倒れリスクのみを対象にしていました。

1990年代に入り、銀行が市場業務を拡大していくと、それに伴って市場リスクに起因する巨額の損失が発生するケースが拡大していきます。そこで、1996年には市場リスクを対象に加える改訂が行なわれました。

それでも、想定外のところで巨額損失が発生するケースは後を絶ちませんでした。そこで、やや場あたり的に導入してきた規制を、より体系的、包括的なものにしようと協議が進められた結果、2004年にバーゼル２と呼ばれる新しいバージョンの導入が決められたのです。

ところが、このバーゼル２が導入された直後に、いわゆるリーマンショックといわれる世界的な金融危機が起きました。少々辛辣な言い方をすれば、金融危機を防ぐための枠組みであるバーゼル規制が、実際にはまったく役に立たなかったということです。

そこで、導入されたばかりのバーゼル２は全面的に見直されることとなり、2017年に最終的な合意に達したのがバーゼル３と呼ばれる最新のバージョンです。

このように歴史を振り返ってみると、バーゼル規制は常に現実に起きることの後追いになっていて、その歴史は失敗の連続であるといえます。なぜこのようなことになったのでしょうか。

そこには、確率統計論につきまとう限界のようなものが隠されています。確率統計論は応用範囲がきわめて広く、様々な意思決定に必要な様々な情報を提供してくれます。確率統計論抜きで合理的な意思決定を下すことはきわめてむずかしいといってもいいでしょう。一方で、確率統計論は、最初に設定された分析の枠組みを超える答えまでを出してくれるわけではありません。

たとえば確率統計論の計算では、様々なことを仮定したうえで答えを求めていきます。しかし、その仮定が厳密には正しくないのであれば、その計算も完全には正しいものとなりません。だからそうした計算に意味はない、ということではありません。何を仮定して計算しているのか、それで捉え切れないものは何か、その捉え切れないものが重大なものであれば、それをあらためて捕捉するためにどうすればいいか、そうしたことを考えていかなければいけないということです。

たとえば前章では、株を保有しているときのリスクを、正規分布を仮定した計算方法で算出しました。その計算では、なぜ正規分布を仮定したのでしょうか。

それは、株価の変動が正規分布に従うと仮定したからです。では、なぜそう仮定できるのでしょうか。

それは、株価の変動がランダムな動きの積み重ねとして、いわゆるランダムウォーク理論に従って変動すると仮定したからです。では、それは本当に正しいのでしょうか。
　結論から言うと、それは厳密には正しくありません。もっとも、だからといって株価の変動が正規分布に従うと仮定した計算は無意味かというとそんなことはありません。正規分布を仮定した計算は、多くの場合でとても有効なものになるのです。
　たとえば、10年、20年といった長期投資を考えるときに、正規分布を仮定したリスク計算をもとに戦略を策定することは大変有益なものになるでしょう。もっと短期的なリスクを把握したいという場合も、通常の市場環境のもとでは、正規分布を仮定したリスク計算はそれほど大きな齟齬を来しません。
　問題が生じるのは、市場が大きく荒れているときの短期的なリスクを捉えようとするような場合です。そういうときに限っては、正規分布を仮定した計算はとたんに的外れなものになるのです。そのような限界を認識することなく、ただ杓子定規にその分析結果を盲信することによって、確率統計論は無益な代物になってしまいます。
　それではどうすればいいか、という話に進む前に、まずは現実の市場価格の変動が正規分布とどういう点が違っていて、そしてそれはなぜなのかというところから整理していきましょう。

SECTION **7-2**

市場価格の変動は本当に正規分布なのか

実際に、市場価格の変動率がどのような形で分布しているのか、いくつか事例を見てみましょう。

図表7-1①の棒グラフは、1950年以降のアメリカの株価指数S&P500の月次変動率の頻度分布です。線グラフで示されている左右対称の正規分布に比べて、少し重心が右側（株価上昇方向）に偏っていて、完全な左右対称になっていないことがわかります。グラフではわかりづらいかもしれませんが、棒グラフも線グラフも平均が同じになるように設定されているので、軸がずれているのではなく、重心が右に偏ったように見える棒グラフのほうでは、その分、左の裾（テール）がやや引き伸ばされた形になっています。

他にも、ほんのわずかに正規分布とは異なる特徴が垣間見えるのですが、ざっくりといえば正規分布に近いといえなくもなさそうです。そうした点からは、価格変動の大まかな分析をするうえで、正規分布を仮定した計算はそれなりに有効であることがうかがえます。

その下にある図表7-1②は、データの取得期間が違いますが、2014～23年までのS&P500の日次変動率の頻度分布です。こちらは、明らかに正規分布とは形状が異なりますね。少し重心が右側に偏って、左の裾が引き伸ばされているとこ

図表7-1　米国の株価変動率のヒストグラム

①月次変動率（1950−）

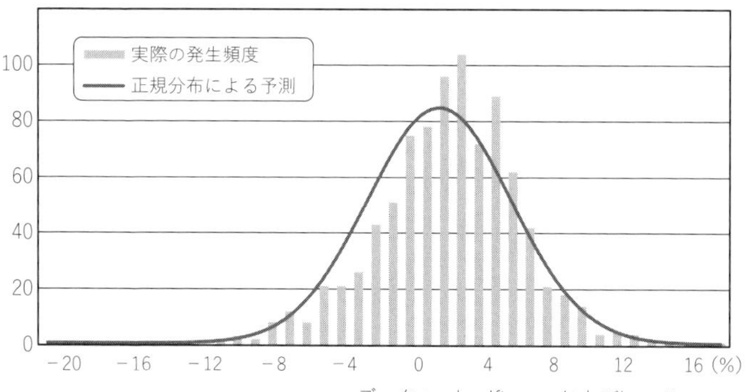

データ：yahoo!financeおよびInvesting.com

②日次変動率（2014−2023）

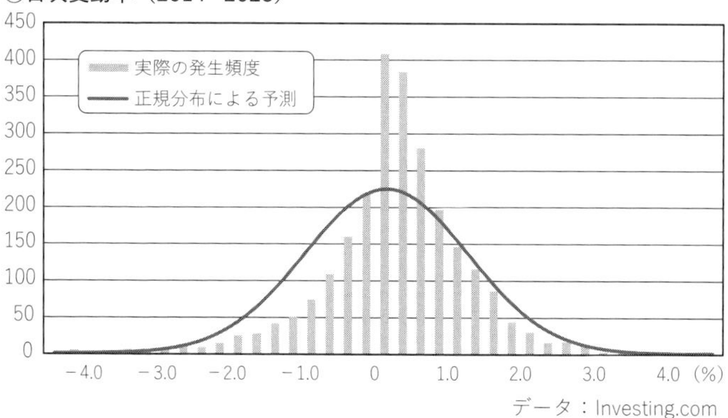

データ：Investing.com

ろは月次の場合と同じなのですが、真ん中あたりがかなり高くなっていて、正規分布よりも中央部分がすぼまった、あるいはとがった形状となっていることがわかります。これもグラフではわかりにくいのですが、標準偏差は実線の正規分布と変わらないので、中央部分がすぼまった分、両裾が引き伸ばされた形の分布となっています。これは、正規分布を仮定した場合の計算に比べて、実際の株価変動では、あまり価格が大きくは動かないことと、非常に大きく動くことの出現頻度が多く、その代わりその中間の幅の値動きが少ないことを示しています。

この特徴は、実は月次データでも少し現れているのですが、月次の場合はそれほどはっきりとせず、一方、日次データでは非常にはっきりした形で現れています。

このような特徴は、実はアメリカの株価に限らず、程度の差こそあれ市場価格にほぼ共通したものです。つまり、たまたま観測データによって正規分布とは少し異なる形になったというようなことではなく、そもそも市場価格の変動率はいつも同じように正規分布とは異なった特徴を持つということです。そしてその特徴は、月次データのような比較的長い期間あたりの変動データよりも、日次データのような比較的短い期間あたりの変動データにとくに顕著にみられます。

別の事例として**図表7-2**の為替レートの日次データも見てみましょう。株に比べると、特徴が少し薄くなっており、とくに重心が右に偏る傾向がそれほど明らかではありませんが、正規分布に比べるとすぼまっていて、とがった形状となっていることがやはりうかがえます。

結論から言うと、市場価格を正規分布になぞらえて種々の計算をすることは、ざっくりとした計算であればそれなりに有効でしょうが、たとえば99%といった高い信頼区間にお

図表7-2　ドル円為替レートの日次変動率ヒストグラム（2014－2023）

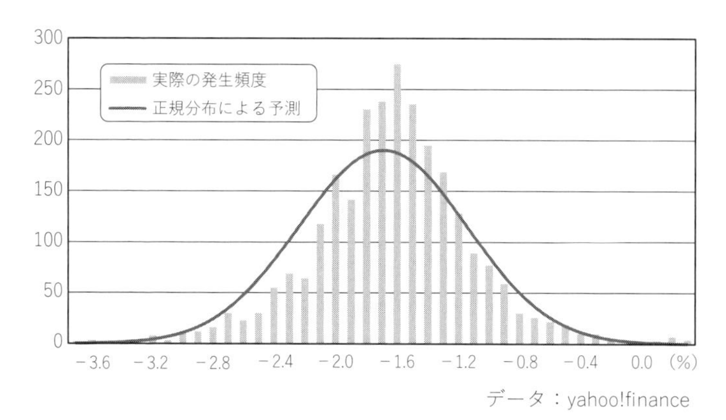

データ：yahoo!finance

ける最大損失額を計算するといった厳密な計算をするときには、かなり心もとないものになるのです。

そのことさえしっかりと理解したうえで便宜的な計算として正規分布を使って計算することはもちろん意味のあることですが、それをあたかも金科玉条のごとく正規分布で計算したものを正しいものとして扱うときに、大きな失敗の種がまかれることになります。

SECTION **7-3**

浮かび上がる正規分布との違い……ファットテールの出現

前SECTIONで見たように、実際の市場価格の変動率の分布は、正規分布と比べて、①重心が右（上昇方向）に傾き、左（下落方向）の裾が長く伸びている、②山が高く、裾が広く、全体的に少しすぼまった形をしている、ということでした。このような特徴はいったいどうして生まれるのでしょうか。

このうち、①の特徴は、株式や債券など現物資産の売買市場でとくによく見られる特徴です。株式や債券は、多くの投資家が買いから入り、保有しているものを必要に応じて売却するという行動をとります。そうすると、買うタイミングは人それぞれですから、上がるときは少しずつ上昇しやすくなる一方で、市場に異変が起きて価格が下がると売りたい人が一斉に出てくるので、売りのタイミングが重なりやすく、価格の下落は大きくなりがちなのです。このように、買いと売りが必ずしも対称の関係にはない市場では、市場価格の変動パターンには基本的にこのような歪みが発生しやすくなります。

もっとも例外もあって、たとえば近年の日本株の変動率を**図表7-3**で示していますが、左右の偏りがあまり大きくは見られません。市場によって、あるいは時期によって、特徴の

図表7-3　日経平均日次変動率のヒストグラム（2014－2023）

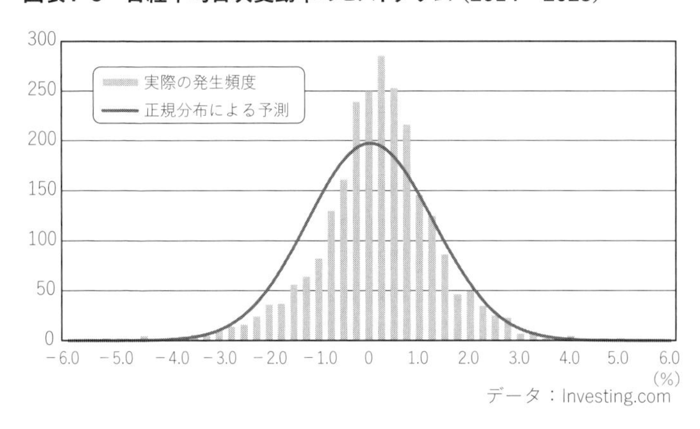

濃淡には差が出るということです。

一方、通貨の交換を行なう為替市場では、多くの市場参加者の行動パターンが一方の通貨（たとえばドル）の買いから入ってしかる後に売るものに限られるということがなく、逆のパターンも同様に生じうるので、このような特徴がそれほどはっきりしないことが多いと考えられます。ですが、実際のデータを見ると、やはり何らかの偏りが見られるケースもあります。たとえばドル買いから入り、しかる後にドルを売るという行動パターンをとる市場参加者が多い局面では、ドル高（円安）方向に重心が偏ってドル安（円高）方向に裾が引き伸ばされる形になりがちということでしょう。

このような分布の左右方向への偏りは、**歪度**（わいど）という尺度で測ることができます。

歪度は、変数のそれぞれの値が期待値からどれだけずれるかという偏差の三乗の平均です。変数のそれぞれの値の平均が期待値、それぞれの値と期待値の偏差の二乗の平均が分散、そして偏差の三乗の平均が歪度ということですね。

三乗すると、偏差の大きなデータの存在が強調されると同時に、偏差のプラスマイナスが結果に反映されるので、変数の各値が期待値からどちら方向に偏って大きくずれているかを把握することができます。

正規分布は左右対称なので、偏差のプラスマイナスがちょうど相殺されて、歪度はゼロになります。前項で使用したデータで歪度を計算すると、179㌻図表7-1①は－0.41、②は－0.52、181㌻図表7-2は－0.19、前㌻図表7-3は－0.02です。マイナスの歪度は、正規分布に比べて左側の裾が長く引き伸ばされていることを示し、その分、重心は右側に少し傾きます。マイナスの値が大きくなればその傾向が強くなります。こうした傾向は一般的には株式市場でより強く見られるわけですが、それは株価の下落率が上昇率よりも大きくなりやすく、その代わり株価が上昇する確率は下落する確率よりも少し高くなることを意味します。

このような歪（ゆが）んだ分布を持つ株式市場では、一定期間ごとに見た株式保有の勝率と期待リターンが必ずしも直接的には結びつきません。歪度がマイナスということは、１日あたり、あるいは１か月あたりで見ると、株式を保有している場合に勝つ期間が多くなることを意味しますが、平均するとのその勝ち幅は小幅で、少数の大幅な下落でその勝ち分が帳消しにされてしまう可能性があるのです。

このような特徴は、ゲームや賭け事にもよく見られるもので、勝率が高いものは勝ち幅が小さく、負け幅が大きくなるのが普通です。逆に、勝率が低いものは勝ち幅が大きく、負け幅は小さくなる傾向があります。だから勝率だけに注目するのではなく、期待値や勝ち幅、負け幅の大きさも知っておかなければならないということです。

次に、正規分布よりもすぼまった形になるという②の特徴も見ておきましょう。こちらは、ほぼすべての市場価格の変動率に共通して見られる特徴で、投資のリスクを考えるときにとりわけ重要となるものです。

この特徴を捉える尺度には、**尖度**（せんど）というものがあります。これは偏差の四乗の平均です。尖度が大きくなればなるほど、中央の山が高くなり、その代わりに両裾が長く引き伸ばされた形になります。その名もズバリ、“尖（とが）った分布”といった言い方をすることもあります。

正規分布と比較すると、実際の市場価格の変動率は尖度の大きな分布となります。これが何を意味するかというと、すでに触れたとおりですが、実際の市場価格は正規分布で想定されるより、あまり大きく動かないことが多いが、その一方で、期待値から大きく外れた極端に大きな価格変動も結構頻繁に生じる、ということになります。

このうち「非常に大きな価格変動が正規分布で想定されるよりも頻繁に生じる」という特徴を、**ファットテール**と呼んでいます。テール（裾）は、確率分布の両端の部分でした。そこが正規分布よりも分厚くなっていることを言い表したものです。

第３章では、正規分布と並んで世の中によく見られる分布としてべき分布の話をしました。期待値から大きく離れた値が出現する確率がなかなかゼロにならず、したがって極端な値がそれなりに発生するような確率分布ないしは頻度分布のことでした。市場価格変動率の分布は、真ん中あたりは比較的正規分布に似ているとしても、裾の部分ではむしろべき分布に近い性質を持っているのです。

ちなみにファットテールは、確率分布の両方の裾に現れうるものですが、株価のように歪度がマイナスの場合にはその左右の偏りと相まって、左の裾、すなわち株価の下落方向にファットテールがより顕著に現れやすくなります。

先ほどの一連のグラフは、両裾のほとんどデータがない部分を表示していませんが、たとえば179㌻図表7-1②の左端部分を切り捨てずに拡大表示すると、**図表7-4**のようになります。正規分布上では発生確率がほぼゼロとなっている領域の大幅な価格下落が、実際には何度も発生していることがわかります。

こうしたファットテールこそが、確率統計をもとに市場変動リスクを考えるうえで最も重要な課題となります。なぜなら、ファットテールが顕著になると、正規分布を想定したリスク定量化における信頼水準が無意味となってしまうからです。

正規分布で、期待値から片側に標準偏差の2.33倍以上離れた値が生じる確率は１％でした。だから、残りの部分が

図表7-4　ファットテール（179㌻図表7-1②の左端拡大図）

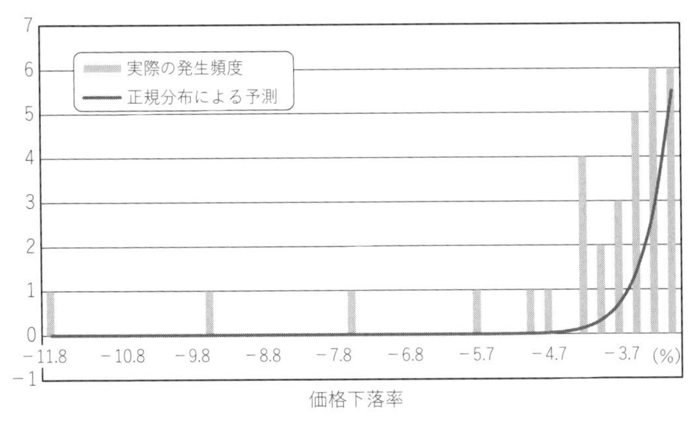

データ：Investing.com

99%になるという計算をしていたわけです。しかし、ファットテールな分布では、期待値から片側に標準偏差の2.33倍以上離れた値が生じる確率は１%よりも大きくなります。そうすると残りの領域の確率は99%よりも小さくなり、つまりは、99%の信頼水準だと思って計算していたものの本当の信頼水準が、それよりももっと小さいものだったということになってしまうのです。ファットテール性が強くなればなるほど、この計算上の乖離は大きくなっていきます。

ちなみに、尖度の計算定義にはいくつかのものがありますが、その詳細は章の後半に譲るとして、エクセルのKURTという関数を使って計算してみると、179㌻図表7-1①は＋1.5、②は＋14.9、181㌻図表7-2は＋3.8、183㌻図表7-3は+4.5です。この値は正規分布と比べてどれだけ分布が尖った形状となっているかを表しています。179ページ図表7-1の①と②は、使用しているデータの期間が異なりますが、同じ株価指数による計算で、これを見ると月次に比べて日次の場合の尖度が非常に高くなっている様子がうかがえます。

また、181ページ図表7-2の為替レート（日次）を179ページ図表7-1②や183ページ図表7-3と比べると、為替レートよりも株価のほうが尖度が高く、とくにアメリカ株についてはかなり高い数値となっています。

もちろん、これらの数値は観測データの時期によってそれなりに異なってくるものですが、それでも、だいたい以下のような傾向が浮かび上がってきているように思います。

・株価変動率の分布は、マイナスの歪度、プラスの尖度を持ち、その両方が相まって、株価下落方向にファットテールが強く現れる傾向がある
・その傾向は、月次データよりも日次データ、つまり短期の変動率に顕著に現れる
・為替レートにも、株価ほどではないものの、やはり似たような偏りがみられる

SECTION 7-4
ファットテールはなぜ生まれるのか

では、こうした実際の市場価格の変動に見られる特徴、とりわけファットテールな性質はどこから生まれてくるのでしょうか。

この問題は、確率統計論から離れて非常にむずかしいテーマを含みますが、正規分布はランダムな動きの積み重ねで生まれてくるものでしたから、市場価格の変動が正規分布とは違う性質を持っているとすれば、そこにはランダムウォーク以外の変動要因が加わっていると考えることができるでしょう。

ランダムウォークでは、新たな動きは、それまでの動きとは無関係に生じます。神様が毎回くじを引いていくイメージでしたね。実際の市場はどうでしょうか。何らかの要因で価格が動くとそれに対する投資家の反応が生じるので、新たな値動きはそれまでの値動きとは無関係でないように思えます。

ただし、値動きに対する反応には２種類のものがあり、それが話をややこしくします。たとえば株価が上昇したとします。投資家によってはいま売れば利益が出るから売ってしまおうという反応もあるでしょうし、動きに乗り遅れている別の投資家はあせって買いに走るかもしれません。つまり、株価の上昇に対する投資家の反応には方向が異なる２種類のものがあり、どちらが強く出るかによってその後の影響が異なってくるのです。

ある原因に対して何らかの結果が生じ、その結果が次の動きの原因になるというような連鎖的な反応を**フィードバック**といいます。フィードバックは、原因があって結果が生まれるわけですから、くじを引いて結果を決めるランダムな動きとは異なります。

フィードバックのうち、価格が上がったことで売りが強く出て、次のアクションでは価格が下がっていく、あるいはその逆に価格が下がったことで新たな買いが入り、次のアクションでは価格が上がっていく、というように反作用が連鎖するものを**負のフィードバック**といいます。

それに対して、価格が上がったことでさらに新たな買いを誘発し、いわゆる買いが買いを呼ぶ展開になったり、それとは逆に売りが売りを呼ぶ展開になったりするのが**正のフィードバック**です。

２つの異なるフィードバックがあるために、相場がどう動くのかは結局わからないままなのですが、大雑把にいうと、平常時には負のフィードバックが働きやすく、したがって、価格の変動は単純なランダムウォークよりも抑えられることが多くなります。一方、バブルや経済危機などで相場が大きく動くと、正のフィードバックが強まり、価格変動を大きく増幅する傾向が生まれます。このような２つのフィードバックのせめぎ合いや切り替わりが、尖度の大きな価格変動をつくり出していると考えられるのです。

フィードバックは、ボラティリティにも影響を与えていると考えられます。何が原因であったにせよ、市場でひとたび大きな値動きが発生すると、それに誘発されて激しい値動きが続きやすくなるのです。逆に、穏やかな値動きが続く局面では、激しい値動きが起きにくくなります。つまり、現実の市場ではボラティリティ自体が変動しているように見えます。

正規分布は、一定の標準偏差を持つランダムな動きが積み重なったものでした。したがって、標準偏差が途中で変化してしまうと、正規分布にはなりません。

再び神様がくじを引くイメージに戻ると、実は神様の前にはボラティリティの水準が異なるいくつかの箱が置かれていて、神様は直前にいずれかの箱から引いた札の値を見て、その札の変動率が大きければ次の札をボラティリティが高いほうの箱から、小さければボラティリティの低いほうの箱から選ぶとします。そう仮定すると、株価変動率の分布は正規分布よりも尖度の高い分布になっていくのです。

中心極限定理によって正規分布が出現するには、母集団が変化しないことが前提でした。でも、母集団がいくつかに分かれ、神様が局面によってそのどれを選ぶかが変わるとすれば、その前提は満たされないことになります。

一方、すべての箱を含んだ全体集合は不変で、かつ長い期間で見れば神様も様々な箱から均等に札を選ぶのだとすると、長い期間あたりの変動データでは中心極限定理が現れやすくなり、正規分布に近づいていくと考えられます。

このあたりはとても興味深いテーマですが、原因を追究するのはこのくらいにしておきましょう。実務のうえで重要なのは、このような実際の市場価格の変動パターンに対して、どのような対応策をとれるのかということです。

SECTION 7-5
対応策その1……何も仮定しない

実際の市場価格の変動は必ずしも正規分布とは一致していないのにもかかわらず、正規分布を仮定した計算をすることでリスク計算を誤ってしまう問題が生じるのであれば、正規分布の仮定を外さなければいけません。繰り返しますが、正規分布を仮定した計算が無意味であるということではなく、より正確にリスク量を捕捉しようとしたときに正規分布では不十分だということです。

その際に、大きな方向性としては、①何も仮定しない、②正規分布以外の分布を仮定する、という2つがあります。まずは、何も仮定しない対応策を考えてみましょう。それが、**ヒストリカル法**といわれるものです。

正規分布を仮定してリスク計算を行なってきたここまでのやり方のように、確率変数が何らかの分布に従っていると仮定して様々な推計を行なっていくやり方をパラメトリック法と呼ぶのに対して、何も仮定しないやり方はノンパラメトリック法と呼ばれます。ヒストリカル法はこのノンパラメトリック法の代表的な手法です。

何も仮定しないとはどういうことかというと、観測データをそのまま使えばいいのです。観測データの出現頻度をグラフにしたものが頻度分布でした。いままでは、この頻度分布にうまく当てはまりそうな正規分布の曲線を引き直し、それにもとづいて計算をしてきたわけですが、それを省き、頻度分布をそのまま計算に用いるのです。

たとえば、株式を保有しているときの99%VaRならば、株価変動率の観測データを値の小さいほうから順に並べて、ちょうど下から1パーセント目にあたるデータを特定します。これは1パーセンタイルと呼ばれる値です。そのデータよりも悪い値になる確率が1%となるデータで計算した損失額は、そのままで99% VaRに相当するはずです。

ただそれだけです。正規分布を仮定した標準偏差の2.33倍というような計算が必要なくなるので、計算はとても簡単になります。

どうでしょうか。これなら、観測データにファットテール性が含まれている場合、それを反映した計算になるはずです。何も仮定していないから、何かを仮定することで生まれる問題を回避できるのです。しかも、計算もずいぶん簡単になりました。

良いことずくめのようですが、もちろん欠点もあります。何も仮定しないということは、観測データに偏りがあったら、それも反映されてしまうということです。たとえば、過去1年間、株価が基本的にずっと上昇を続けてきて、大きな下落はほとんど経験してこなかったとしましょう。そのデータを使って計算すると、株価下落のデータがほとんど含まれていないので、株価の下落リスクはあまり大きくないという計算結果になるでしょう。でも、それは将来の予想として、はたして適正なものでしょうか。

過去に起きたことは、そのまま将来においても再現されるとは限りません。限られた期間の過去データを使って将来のことを予測する場合にはとくにそうです。

パラメトリックな手法では、たとえば正規分布を仮定することによって、特定期間の観測データに存在する歪みが補正され、均されて、より一般化された確率分布へと置き換えた計算をすることができるのです。それがパラメトリック法の良いところであり、ヒストリカル法ではその良さがありません。

もちろん、こうした観測データの歪みを補正すること自体は可能です。たとえば、株価上昇のデータばかりが集まってしまったら、プラスマイナスの符号を反転させたものをデータに加えることによって、確率分布の左右一方向への偏りを調整することができます。ただし、いずれにしても過去データをそのまま使うことを基本とするヒストリカル法には、特定期間の観測データの歪みが反映されてしまう危険性が常に存在するのです。

また、ヒストリカル法では、VaRや期待ショートフォールの値が安定しないという問題が生じることもあります。たとえば計算に使用する観測データが100個あるとしましょう。そのうちの最も悪いデータ1個を使って計算した損失額を99%期待ショートフォールと定義することにします。そうすると、使用するデータを入れ替えたときに最も悪い値のデータが入れ替わることによって計算結果がガクンと変わってしまうことが起きたりするのです。頻度分布をそのまま均さずに使うと、たんなるデータの入れ替わりだけで計算結果が大きく左右されてしまうということです。

もちろん、こうした欠点や特徴を知ったうえで使うのであれば、ヒストリカル法はとても有効な方法となります。ここでは詳細な説明は避けますが、ヒストリカル法では、同じ日付における複数銘柄の価格変動率データを1つのまとまり、つまりデータセットとして用いることで、複数銘柄間の相関関係が計算に自動的に織り込まれることになります。したがって、相関係数を調べて分散共分散法の計算をしなくても、分散効果をしっかりと把握することができます。

SECTION 7-6
対応策その2 ……乱数シミュレーション

正規分布を仮定した計算では実際の市場価格変動に見られるファットテールを見逃してしまうという問題に対して、ファットテールを再現できる別の分布を仮定して計算するという対応策を考えることもできます。あくまでも特定の確率分布を想定するので、これもパラメトリックな手法ではあるのですが、正規分布ではなく、それよりも尖度の高い分布を仮定するのです。

もちろん、こうした考え方は有効ではあるのですが、実際面での課題もあります。たとえば確率密度曲線を積分して確率を求めたりしようと思えばその確率密度曲線を特定しなければならないわけですが、株価変動などの確率密度曲線を正規分布以外でビシッと求めることはそれほど簡単ではないでしょう。

そこで行なわれるのが、**モンテカルロ法**と呼ばれる数値計算手法です。数値計算手法とは、確率密度曲線を積分して確率を求めるといった解析的な手法ではなく、具体的な数値を当てはめていくことで疑似的に確率などの値を求めるというやり方の総称です。そのうちモンテカルロ法は、モンテカルロ・シミュレーションというものを利用した手法です。

モンテカルロ・シミュレーションは、乱数を使ったシミュレーション計算のことで、金融のみならず様々な分野で広く利用されているものです。非常に応用範囲が広く、数式を解いて答えを求めることがむずかしい高度な計算でも、ほとんどの場合、簡単に解くことができます。

たとえば株式を保有するときのリスクを計算するのであれば、乱数を使って将来の株価変動を何度もシミュレーションしていくのです。現在の株価が1000円だとして、乱数によって1週間後の株価のシミュレーション結果が1200円になったり、900円になったりするさまを再現するわけですが、シミュレーション結果が具体的な数値で表されるので、たとえば株価1200の場合には200円の利益、株価900円の場合は100円の損失といったことがすぐに計算できます。もともと株式保有の場合は損益の計算がむずかしくはないのですが、デリバティブのように損益の計算がむずかしいものでも、株価や為替レート、金利の値が与えられれば損益の計算は比較的簡単にできます。このような計算によって、将来の損益の分布を仮想的につくり出していくのです。

確率の計算も簡単です。1万回のシミュレーションで1万個の値が得られれば、一つ一つの値は等確率と考えられるので、細かい確率計算をする必要はありません。たとえば99％VaRを求めたいという場合ならば、1万回のシミュレーション結果のうち、悪いほうから1パーセンタイルの値を求めればいいだけです。この点は、ヒストリカル法と同じです。

ただし、モンテカルロ法の場合、株価変動のシミュレーションを行なうために株価がどのように変動するかというモデルが必要になります。例として、非常にシンプルなモデルを考えてみましょう。翌日の株価は、当日の株価に、期待値ゼロ、標準偏差σの正規分布に従うランダムな動きが加わったものだと定義します。そうすると、

翌日の株価
　　＝当日の株価＋σ・[標準正規分布に沿って発生する乱数]

というようにモデル化することができます。このシンプルなモデルでは正規分布がつくられるだけで、ファットテール問題の解決にはつながりませんが、いずれにしても乱数を使って市場価格の変動を再現することができるように何らかのモデルが必要なのです。

ちなみに、上記モデル式の［　］内、標準正規分布に沿って発生する乱数は**標準正規乱数**と呼ばれるもので、これを次々と与えることで翌日の株価変動のシミュレーションを何回も行なうことができます。シミュレーションの回数を何万回にも増やしていけば、このモデルの場合、かなりきれいな正規分布に沿った頻度分布をつくり出すことができます。

もちろん、ファットテール問題に対処するためには、あくまでもファットテールが再現されるモデルを使わなければなりません。そのようなモデルはいくつかあり、本書ではその詳細には踏み込みませんが、基本的なアイデアだけ見ておきたいと思います。

ファットテールは、先ほど見たように様々な要因によって生まれると考えられますが、それを事細かく正確にモデル化しようとするのはかなりの難題です。したがって、ここでは原因を説明するモデルではなく、比較的簡単にファットテールを再現できるアプローチを考えます。それは、ボラティリティを変動させるということです。

一定のσのもとでランダムな動きが積み重なると正規分布になり、σが変動すると正規分布にはならず、それよりも尖度の高い分布が現れるということでした。

先ほども少し触れたとおり、実際の市場価格の変動にも、変動幅が小さく穏やかな時期と、変動幅が大きな激動期があり、それらが交互に入れ替わっているように見えます[*31]。その点に着目し、ボラティリティσが時間経過とともに大きくなったり小さくなったりするようにモデル化すると、実際の市場価格変動によく似た分布をつくり出すことができるのです。

もちろん、どのようなモデルを使うにせよ、モデル式にはいくつものパラメータが含まれており、観測データにうまく適合するようにその値を回帰分析によって特定する必要があります。

少し面白いのは、ファットテール性を捉えるほぼすべてのモデルで、ボラティリティの変動もまた標準正規乱数によっ

＊31 ボラティリティが高い時期や低い時期がしばらく続き、やがて切り替わっていくさまを、ボラティリティ・クラスタリングと呼びます。

て表し、それを別の標準正規乱数と掛け合わせることで擬似的な価格変動をつくり出すという点です。つまり、正規分布ではない分布をつくり出すのに、正規分布に従う変数を掛け合わせることでそれを実現しているのです。そうすることで、正規分布以外の何らかの確率分布を数学的に特定することなく、ファットテール性を帯びた分布を疑似的につくり出すことができます。

モンテカルロ法はパラメトリックな手法なので、ヒストリカル法のように観測データの分布の歪みに引きずられることは基本的にありません。また、通常、実務に用いられるモンテカルロ法では、シミュレーションを数万回、場合によっては数十万回繰り返していき、非常になめらかな頻度分布をつくり出します。そうすることで、計算に使用するデータが少ないことによってVaRや期待ショートフォールの値が飛び飛びになって安定しないといった問題も起きにくくなります。

良いことずくめのようですが、もちろん欠点もあります。まず、採用するモデルによって計算の精度が変わります。また、モデルをワークさせるために、モデル式に含まれる様々なパラメータを正しく推定しなければいけません。さらに通常、計算負荷がかなり高くなります。とくに、複数銘柄を扱う場合には、それらの価格が一定の相関を持ちながら変動していくことを再現しなければならないので、相関を持った乱数の生成が必要になります。いずれにしても、かなりのコンピューティング・パワーが不可欠なのです。

したがって、誰もがこうしたやり方をしなければならないということではありません。しかしながら、複雑な商品を大量に扱う金融機関などでは、モンテカルロ法は非常に大きな力を発揮するはずです。

とくに前章で登場した期待ショートフォール（ES）の計算手法としては、このモンテカルロ法が最適と考えられています。ESは、信頼区間を外れるテール部分のリスク、すなわちテールリスクを捉えるための指標でした。テールリスクには、市場価格変動のファットテール性が影響を与えているはずですから、ファットテール性を織り込むことができる計算手法を採用しなければわざわざESを計算する意味がありません。

その結果、基本的には本章で紹介したヒストリカル法かモンテカルロ法を使用することになるわけですが、ヒストリカル法の場合には、すでに触れたように、少ない観測データで高い信頼区間のESを計算すると値が安定しないという問題が生じます。これに対し、十分な数のシミュレーションを行なうモンテカルロ法ならばこの問題は基本的に生じません。ヒストリカル法でESを計算してももちろんかまわないのですが、このような点からモンテカルロ法はより適した手法といえます。

SECTION 7-7
過去に生じなかった出来事にどう備えるのか

確率統計論は、過去の情報にもとづいて将来についての有益な情報を抽出することを基本にしています。そこには、将来は過去の延長線上にあること、過去に起きたのと同じようなことは将来にも起きうることが暗黙の前提として横たわっています。

このように、過去を振り返ることによって将来の予測をすることを“バックワード・ルッキング”な手法といいます。実際に観測された過去のデータにもとづくので、P値ハッキングなどに気をつければ恣意性を排除でき、客観的な分析をすることができます。その一方で、こうした手法は過去のデータに依存するので、過去に生じていない出来事の影響を織り込むことはできません。

しかしながら、過去に生じなかった出来事が将来にも生じないという保証はありません。

かつてヨーロッパの人々は白い白鳥（スワン）しか見たことがありませんでした。だからスワンは白いものとばかり思っていたのですが、実際には黒いスワン（黒鳥）もいたのです。そのことから転じて、実際に生じる可能性があり、もし生じれば大きなインパクトをもたらすにもかかわらず、過去に経験したことがないことから予測できない出来事を“**ブラ**

ック・スワン”と呼びます[*32]。ファットテールとよく似た概念ですが、こちらは「過去に例を見ない」という点にフォーカスが当たった言葉です。

過去データにもとづく統計学的アプローチには、常にこのブラック・スワン問題がつきまといます。

では、過去データにとらわれずに、将来起きる可能性があることを想定するにはどうすればいいでしょうか。

このようなアプローチには、“フォワード・ルッキング”という名前が与えられており、リスク管理の世界では、バックワード・ルッキングな手法に加え、フォワード・ルッキングな視点も必要であるとされています。ところが、実際にどうすれば過去にない出来事を予想できるかということには必ずしも決め手がないのです。結局のところ、将来起きる出来事をその発生確率も含めて正確に予測することはできるはずもなく、確率統計論をもってしても、否それ以外のいかなるツールをもってしても、それは乗り越えることのできない大きな壁となります。

それでも、実務のうえではいくつかの手法が考えられています。最後に、そのいくつかを簡単に見ておきましょう。

＊32 トレーダー出身の経済学者、ナシーム・ニコラス・タレブの同名のベストセラーから広まった言い方です。ちなみに、タレブ著『ブラック・スワン』は、市場価格の変動が正規分布とは異なることを喝破したマンデルブロに捧げられる形で上梓されたものです。

・シナリオ分析

この手法は、"フォワード・ルッキング"という言葉に最もしっくりくるものではないかと思います。将来についての仮想的なシナリオをつくり、それにもとづいてリスクを計測していきます。ただし、過去に例を見ないようなシナリオをつくることはやはりむずかしく、仮にそのようなシナリオをつくったとしてもその発生確率を見積もることはさらにむずかしいでしょう。

そのため、よく用いられるものとしては、重大なリスクを引き起こすかもしれないイベントを想定し、そのリスクが顕在化したときに生じるリスクを測定するという方法です。たとえば「中東での紛争が激化し、原油価格が100ドルを超えたらどうなるか」といった分析をしていく、といったものです。

・仮想的なストレステスト

過去のデータや具体的なシナリオにかかわらず、たとえば「金利が１％上がったらどうなるか」といった仮想的な価格変動を想定して分析をします。もっとも、いくら仮想的といっても、あまりに現実離れした想定だと意味がないので、結局は過去の変動データを見て、現実的でかつインパクトが十分に大きい想定をする必要があります。

・過去データによるストレステスト

過去データのうち、現在のポートフォリオに最も重大な影響を与えるデータを使って分析します。過去データを使うという点では必ずしもフォワード・ルッキングではありませんが、そのなかでも最も保守的な計測を行なうことで将来に備えようとするもので、実務的には非常によく利用される手法です。

・リバース・ストレステスト

これ以上の損失が発生すると経営への影響が大きくなるというような損失額を特定し、どのような価格変動が起きればその損失額が発生するかを逆算します。つまり、特定の価格変動で生じる損失額を推定するという通常の計算を逆転させたもので、特定の損失額を生じさせる価格変動を計算しておくことで、実際に大きな価格変動が起きたときにどう対応すればよいかをあらかじめ想定することができます。

これらの手法は、どれか１つやっておけばOKというようなものではありません。結局は決め手がないというなかで、あれやこれやと考えられた手法なのです。したがって、目的に応じて適切な方法を選び、必要に応じてそれらを組み合わせていくことが肝心です。

過去に縛られたバックワード・ルッキングな手法も、このように必要に応じてフォワード・ルッキングな視点を組み合わせることで、より有効なものとなっていくはずです。

この点に限らず、確率統計論には当然のこととしていくつもの限界があります。実際に使用するデータの歪み、計算上の様々な仮定からくる現実との齟齬、そして何よりも将来のことは誰にも正確に予想できないという事実からくる大きな壁があります。ですが、そうした限界や制約を知ったうえで、目的に応じて様々な手段を組み合わせていくことで、確率統計論は真に強力なツールになるのだと思います。

SECTION 7-8
用語や計算方法のまとめと補足

【歪度と尖度】

歪度（skewness）の一般的な定義は、偏差の三乗の平均（期待値）ですが、偏差については標準化した値（Zスコア）を用いるのがさらに一般的です。その場合、ヒストリカルデータなどから計算する場合の定義式は以下のようになります。

$$歪度 = \frac{1}{n}\sum_{i=1}^{n}\left(\frac{x_i - \overline{x}}{\sigma}\right)^3$$

エクセルでは、

＝SKEW.P（x_iのデータ系列）

で計算できます。

歪度にも標本から母集団の値を推計する不偏推定量の計算方法があります。ここでは説明を割愛しますが、エクセルでは、＝SKEW（x_iのデータ系列）で計算できます。

ちなみに、本文でも触れましたが、正規分布の歪度はゼロとなります。

次に、尖度（kurtosis）の一般的な定義は偏差の四乗の平均（期待値）ですが、やはり偏差については標準化した値を用いるのがさらに一般的です。

$$尖度 = \frac{1}{n}\sum_{i=1}^{n}\left(\frac{x_i - \overline{x}}{\sigma}\right)^4 または \frac{1}{n}\sum_{i=1}^{n}\left(\frac{x_i - \overline{x}}{\sigma}\right)^4 - 3$$

正規分布の尖度は最初の式で計算すると3になりますが、尖度が正規分布に比べて大きいか小さいかを見るときには後者の式を用います。その場合、正規分布の尖度はゼロ、プラスになると正規分布よりも尖度の大きな分布、マイナスになると正規分布よりも尖度の小さな平らな分布ということになります。

エクセルでは、

＝KURT（x_iのデータ系列）

で求められますが、この関数は正規分布をゼロとしたときの不偏推定量を計算するものなので、上記の定義式とは若干異なる計算となっていることに注意してください。

【パーセンタイル値】

パーセンタイルは、データを小さいほうから順に並べたときに、あるデータが何パーセント目に当たるかを示すもので、逆にαパーセンタイルといえば下からα％目のデータを指します。

より厳密にいえば、データの個数がn個のときにαパーセンタイルは、$(n+1)\times\alpha$％目のデータであり、$(n+1)\times\alpha$％が端数となる場合には、その前後の値を按分して計算します。

なぜデータ数に1を足してからα％を掛けるかというと、以下のような単純な例で考えるとわかりやすいと思います。

データが、1、2、3と3つある場合、50パーセンタイルはいくつでしょうか。50パーセンタイルは中央値のことですが、ちょうど真ん中にある2が該当します。つまり、下から2個目のデータです。データが、1、2、3、4だったらどうでしょうか。2と3のあいだの2.5という値がちょうどいいように思えます。これは下から2.5個目のデータと考えることができます。以下同様に、1、2、3、4、5だったら下から3個目の3です。すべて、$(n+1)\times 50$％目のデータになっているのです。

エクセルでは、

＝PERCENTILE.EXC（対象となるデータ系列、α％）

という形で計算できます。

実は、パーセンタイルの定義には複数あり、エクセルでは、＝PERCENTILE.INCという関数もあります。これはいちばん下のデータが0％、いちばん上のデータが100％になるように計算されるもので、一般的にはこちらを使うことのほうが多いかもしれませんが、ヒストリカル法によるVaR計算では＝PERCENTILE.EXCのほうが適切だと思います。

たとえば、1、2……、100という100個のデータを並べて、その1パーセンタイルを計算すると、EXCでは1.01、INCでは1.99となります。99%のVaRということでいうと、それよりも悪い結果になる確率が1%ということですから、1.01のほうがしっくりくるのではないかと思いますし、INCよりも少し保守的な計算になります。ちなみに、INCを使うと、$\alpha = 0$，つまり信頼区間100%のVaRも計算できてしまうので、その意味でもEXCのほうが適切です。

【標準正規乱数】

数多く生成したときに、その頻度分布が標準正規分布になるように生成される乱数です。乱数はもともとでたらめに発生する数ということですが、コンピュータ上では、一定のロジックに従って乱数らしく見える数値を割り当てていくことになります。

エクセルでも以下の関数を使って簡単に標準正規乱数を生成することができます。

= NORM.S.INV（RAND（））

この関数が入っているところに、エクセルが次々と標準正規乱数を割り振ってくれるのです。ちなみに、エクセルのシートで再計算がかかると、そのつど乱数の値は入れ替わってしまうので注意してください。

少し応用的な話になりますが、複数系列の標準正規乱数に相関を持たせることも簡単にできます。たとえば2つの乱数間の相関関係は、2つの乱数に共通する変動部分を組み込むことによって表現できるのです。

簡単な例を示すと、もともとの相関がゼロとなる標準正規乱数を3つ発生させて、それぞれw_0、w_1、w_2とします。これらを組み合わせて新たな標準正規乱数をつくってみます。

$$x_1 = \sqrt{\rho}\, w_0 + \sqrt{1-\rho}\, w_1$$
$$x_2 = \sqrt{\rho}\, w_0 + \sqrt{1-\rho}\, w_2$$

ちなみに、複数の標準正規乱数を組み合わせるときに、その各組み合わせ比率（係数）の二乗の和が1になるようにすると、生成された乱数も標準正規乱数になります。上記の式はそのようにしてつくったものです。さてここで、できあがったx_1とx_2は共通乱数w_0を$\sqrt{\rho}$ずつ含んでいます。この共通乱数の組み合わせ比率の積、$\sqrt{\rho} \times \sqrt{\rho} = \rho$が$x_1$と$x_2$の相関係数となるのです[*33]。

このような考え方で、一定の相関関係を持つ標準正規乱数を次々と生成していくことができます。

＊33 もちろん、共通変数の組み合わせ比率を合成変数ごとに変えることもできます。その場合でも、共通変数の組み合わせ比率の積で合成変数間の相関係数を計算できます。

INDEX

アルファベット

ES 163

Ｐ値ハッキング 142

VaR 151

Z（ゼット）スコア 77

あ行

移動平均 21

か行

回帰分析 127

確率分布 50

確率変数 14

確率密度 72

観測期間 157

期待ショートフォール 163

期待値 10

期待リターン 10

共分散 101

現代ポートフォリオ理論 96

効率的ポートフォリオ 107

さ行

最小二乗法 129

市場ポートフォリオ 109

市場モデル 123

信頼区間 81

信頼水準 81

正規分布 68

正のフィードバック 190

尖度 185

相関係数 99

た行

大数の法則 15

中央値 41

中心極限定理 69

テールリスク 163

は行

バーゼル規制 174

パラメータ推定 126

バリュー・アット・リスク 151

ヒストグラム 52

ヒストリカル法 193
標準正規分布 75
標準正規乱数 199
標準偏差 39
標本平均 15
頻度分布 52
ファットテール 185
フィードバック 190
複利の魔法 22
負のフィードバック 190
ブラック・スワン 203
分散 39
分散共分散行列 115
分散効果 98
べき分布 55
母集団 15
母平均 15
保有期間 156
ボラティリティ 37

ま行

マルチファクター・モデル 138
モンテカルロ法 197

ら行

ランダムウォーク 47
リスク・プレミアム 24
累積分布関数 77
ルートT倍法 47

わ行

歪度 183

田渕直也（たぶち　なおや）
1963年生まれ。1985年一橋大学経済学部卒業後、日本長期信用銀行に入行。海外証券子会社であるLTCB International Ltdを経て、金融市場営業部および金融開発部次長。2000年にUFJパートナーズ投信（現・三菱UFJアセットマネジメント）に移籍した後、不動産ファンド運用会社社長、生命保険会社執行役員を歴任。現在はミリタス・フィナンシャル・コンサルティング代表取締役。シグマインベストメントスクール学長。『教養としての「金利」』『この１冊ですべてわかる デリバティブの基本』『ランダムウォークを超えて勝つための株式投資の思考法と戦略』『［新版］この１冊ですべてわかる 金融の基本』『図解でわかる ランダムウォーク＆行動ファイナンス理論のすべて』（以上、日本実業出版社）、『ファイナンス理論全史』（ダイヤモンド社）、『「不確実性」超入門』（日経ビジネス人文庫）など著書多数。

金融と投資のための　確率・統計の基本

2024年10月１日　初版発行

著　者　田渕直也 ©N. Tabuchi 2024
発行者　杉本淳一

発行所　株式会社日本実業出版社　東京都新宿区市谷本村町３−29 〒162-0845
編集部　☎03-3268-5651
営業部　☎03-3268-5161　振　替　00170-1-25349
https://www.njg.co.jp/

印刷／厚徳社　　製本／共栄社

ISBN 978-4-534-06135-5　Printed in JAPAN